Meßgeräte und Schaltungen zum
Parallelschalten von Wechselstrom-Maschinen

Von

Werner Skirl
Oberingenieur

Zweite
umgearbeitete und erweiterte Auflage

Mit 30 Tafeln, 30 ganzseitigen Schaltbildern
und 14 Textbildern

Berlin
Verlag von Julius Springer
1923

ISBN-13: 978-3-642-98216-3   e-ISBN-13: 978-3-642-99027-4
DOI: 10.1007/978-3-642-99027-4

Alle Rechte, insbesondere das der Übersetzung
in fremde Sprachen, vorbehalten.

Softcover reprint of the hardcover 1st edition 1923

Vorwort zur ersten Auflage.

Die vorliegende Arbeit schließt sich in der Behandlungsweise des Stoffes eng an das von mir herausgegebene Buch „Meßgeräte und Schaltungen für Wechselstrom-Leistungsmessungen" an. Sie ist ebenfalls unmittelbar auf die Bedürfnisse der Praxis zugeschnitten und wird daher dem ausführenden Ingenieur besonders willkommen sein. Aber auch der Studierende wird das Buch mit Vorteil bei der Ausarbeitung von Projekten benutzen können, da er in ihm die Schaltungen so findet, wie sie tatsächlich in der Praxis ausgeführt werden können.

Da über die theoretischen Verhältnisse beim Parallelschalten von synchronen Wechselstrom-Maschinen in der Literatur bereits genügend Material vorhanden ist, schien es nicht angebracht, hier näher auf diese einzugehen. Es sei in dieser Hinsicht auf das vorzügliche „Lehrbuch der Elektrotechnik" von Prof. Dr. A. Thomälen hingewiesen. Auf die Entwicklungen dieses Lehrbuches aufbauend, beginnt das vorliegende Buch unmittelbar mit der Betrachtung der Vorgänge, wie sie beim Parallelschalten der Maschinen tatsächlich auftreten. Um das Verständnis zu erleichtern, werden hierbei zunächst die bei Gleichstrom-Maschinen auftretenden Erscheinungen beschrieben, so daß hierdurch ein einfacher Übergang zu den schwierigeren Verhältnissen bei Wechselstrom geschaffen wird. Im zweiten Abschnitt sind die Ausführungsmöglichkeiten der Parallelschaltung angegeben und miteinander kritisch verglichen. Hieran schließt sich ein Abschnitt über die technischen Hilfsmittel zum Parallelschalten an, in dem die wichtigsten modernen Apparate zum Parallelschalten beschrieben sind. Ältere Apparate sind nur soweit behandelt, als es zum Verständnis der neueren Einrichtungen erforderlich ist. Um die richtige Auswahl der Meßgeräte in jedem Falle zu ermöglichen, ist ein besonderer Abschnitt über die Auswahl der Meßgeräte beigefügt, in dem die Wirkungsweise der Apparate kritisch betrachtet ist. Im vierten Abschnitt sind dann die vollständigen Schaltungen angegeben. Die Schaltbilder sind nach den bei den Siemens-Schuckert-Werken geltenden Normen durchgebildet. Neuartig ist die Schaltweise mit dem vom Verfasser angegebenen Umkehrtransformator, der es ermöglicht, die schaltungstechnischen Vorteile der Dunkelschaltung mit den betriebstechnischen Vorteilen der Hellschaltung zu vereinigen. Um bei den vielen Schaltmöglichkeiten einen klaren Überblick zu geben, ist auch hier wieder eine Betrachtung über die Auswahl der passenden Schaltung führend. Im fünften Abschnitt ist eine neue, von Dr. Michalke angegebene Einrichtung zum selbsttätigen Parallelschalten beschrieben. Hieran schließt sich noch ein Abschnitt über die Kontrolle fertiger Schaltungen an. Zum Schlusse ist die elektrische Befehlsübertragung zwischen Schaltbühne und Maschinenraum beschrieben. Da diese Einrichtungen dem Starkstromtechniker weniger bekannt sind, schien eine eingehendere Behandlung dieser Apparate wünschenswert, um so mehr, als hier manche bekannten Schaltungen in einer für den Starkstromtechniker neuen Weise benutzt werden.

Charlottenburg, Mai 1921. Werner Skirl.

Vorwort zur zweiten Auflage.

Die zweite Auflage des Buches wurde durch vielfache Erweiterungen ergänzt. Die verschiedenen Schaltmöglichkeiten sind durch Einteilung in direkte, halbindirekte und indirekte Schaltungen schärfer gegliedert worden. Bei dieser Gelegenheit wurde die vom Verfasser angegebene Umkehrschaltung, die in der ersten Auflage erst nachträglich bei der Bearbeitung eingefügt wurde, systematisch in den Stoff hineingearbeitet. Dies schien um so mehr wünschenswert, als sich in der Praxis großes Interesse für diese neue Schaltart gezeigt hat. Neu aufgenommen wurde ein Abschnitt über die bei verschiedenartig geschalteten Haupttransformatoren zu treffenden Maßnahmen.

Die äußere Ausstattung des Buches ist vollkommen geändert worden. Ebenso wie bei der fast gleichzeitig erscheinenden zweiten Auflage des vom Verfasser herausgegebenen Buches „Meßgeräte und Schaltungen für Wechselstrom-Leistungsmessungen" sind die wichtigsten Kernpunkte des Stoffes in selbständige Bildtafeln mit ausführlichen, erläuternden Unterschriften zusammengefaßt worden. Die bisherigen Autotypien sind durchweg durch Schwarzweißzeichnungen ersetzt, wobei besonders die vom Verfasser entworfenen Bilder der Meßwerke interessieren dürften.

Charlottenburg, März 1923. Werner Skirl.

Inhaltsverzeichnis.

                                                                                Seite

I. Die elektrischen Vorgänge beim Parallelschalten:
    a. Bedingungen für das Parallelschalten 1
    b. Die Ausgleichströme und ihre Wirkungen 2
    c. Das Belasten der parallel geschalteten Maschine 3

II. Die Ausführungsmöglichkeiten der Parallelschaltung:
    a. Dunkelschaltung 7
    b. Hellschaltung 11
    c. Schaltungen mit Umkehrtransformator 12
    d. Besondere Drehstromschaltungen 16
    e. Vergleich der verschiedenen Schaltungsarten 16

III. Die technischen Hilfsmittel zum Parallelschalten:
    a. Elektrische Einstellvorrichtung für den Regulator der Antriebsmaschine 21
    b. Frequenzmesser 21
    c. Spannungsmesser 25
    d. Phasenlampen 26
    e. Lampenapparate 29
    f. Nullspannungsmesser 32
    g. Summenspannungsmesser 37
    h. Synchronoskope mit schwingendem Zeiger 38
    i. Synchronoskope mit umlaufendem Zeiger 43
    k. Allgemeines über die Auswahl der Meßgeräte 47
    l. Vollständige Instrumentsätze 51
    m. Hilfsapparate 53

IV. Vollständige Schaltungen:
    1. Allgemeines über die Auswahl einer passenden Schaltung 56
    2. Phasenvergleichung zwischen Generator und Sammelschienen 58
        a. Dunkelschaltung mit Nullspannungsmesser 58
        b. Hellschaltung mit Summenspannungsmesser 61
        c. Schaltungen mit Lampenapparat 75
        d. Schaltungen mit Synchronoskop 76
    3. Phasenvergleichung zwischen Generator und Generator 84
        a. Dunkelschaltung mit Nullspannungsmesser 84
        b. Gemischte Schaltung mit Nullspannungsmesser und Umkehrtransformator für die Phasenlampe 85

c. Umkehrschaltung mit Summenspannungsmesser 85
d. Schaltungen mit Synchronoskop 86
4. Phasenvergleichung an den Schalterkontakten . . 96
   a. Dunkelschaltung mit Nullspannungsmesser 96
   b. Gemischte Schaltung mit Nullspannungsmesser und Umkehrtransformator für die Phasenlampe 97
   c. Umkehrschaltung mit Summenspannungsmesser 97
   d. Schaltungen mit Synchronoskop 97
   e. Direkte Hochspannungsschaltung mit Meßkondensatoren . 103
5. Besondere Maßnahmen bei verschiedenartig geschalteten Haupttransformatoren 106

V. **Einrichtungen zum selbsttätigen Parallelschalten:**
   a. Anwendungsgebiete 114
   b. Prinzip des Schaltmotors 115
   c. Einfachste Anordnung zum Parallelschalten 118
   d. Anordnung mit Schleppkontakt zum Parallelschalten bei übersynchroner Drehzahl 120
   e. Selbsttätige Regelung der Antriebsmaschine 121
   f. Verhütung von Fehlschaltungen 124

VI. **Schaltungskontrolle:**
    a. Kontrolle auf richtiges Drehfeld 126
    b. Kontrolle auf richtige Schaltung 127

VII. **Elektrische Befehlsübertragung zwischen Schaltbühne und Maschinenraum:**
    a. Allgemeines 129
    b. Glühlampentafeln 129
    c. Zeiger-Befehlsapparat mit Sechsspulenmotor, für Gleichstrom 131
    d. Zeiger-Befehlsapparat mit Dreispulen-Anker, für Gleichstrom 132
    e. Zeiger-Befehlsapparat nach dem Wechselstromsystem . . 135

Verzeichnis der Tafeln 138

Verzeichnis der Schaltbilder vollständiger Parallelschalteinrichtungen 139

Zeichenerklärung für die Schaltbilder.

⊙	Drehstrom-Generator	$M\ I$ = bereits laufende Maschine $M\ II$ = zuzuschaltende Maschine
	Hauptschalter mit Ueberstromauslösung	
	Trennschalter mit Hilfskontakt	—
$U\ u$ $V\ v$	Spannungswandler	$U-V$ = Primärwickelung $u-v$ = Sekundärwickelung JT = Isoliertransformator UT = Umkehrtransformator
	Meßinstrument	DF = Doppelfrequenzmesser DV = Doppel-Spannungsmesser NV = Nullspannungsmesser SV = Summenspannungsmesser Syn = Synchronoskop
⊗	Glühlampe	P = Phasenlampe
	Vor- bzw. Ersatzwiderstand	—
( ) (●) ( ) (●)	Steckvorrichtung	mit bzw. ohne Stecker
	Schutzerdung	strichpunktierte Linien sind Erdungsleitungen

I. Die elektrischen Vorgänge beim Parallelschalten.

a. Bedingungen für das Parallelschalten.

Um das Verständnis der nicht ganz einfachen Verhältnisse beim Parallelschalten von synchronen Wechselstrom-Maschinen zu erleichtern, sind bei den einleitenden Abschnitten zunächst die bei Gleichstrom-Maschinen auftretenden einfacheren Vorgänge besprochen, so daß hierdurch ein leichter Übergang zu den schwierigeren Verhältnissen bei Wechselstrom gegeben wird.

Soll eine Gleichstrom-Nebenschlußmaschine zu einer anderen bereits im Betriebe befindlichen Maschine parallel geschaltet werden, so bringt man sie zunächst auf ihre normale Drehzahl und erregt sie dann. Ist ihre Spannung vollkommen gleich der Spannung der bereits auf das Netz arbeitenden Maschine, so legt man die Schalter ein. Da die beiden parallelgeschalteten Maschinen mit den gleichen Polen aneinander geschaltet, also elektrisch gegeneinander geschaltet sind, heben sich ihre Spannungen auf. Die hinzugeschaltete Maschine läuft daher zunächst leer am Netz.

Soll eine Wechselstrom-Maschine parallel geschaltet werden, so muß zunächst die Frequenz, dann die Größe und endlich die Phase der Spannungen übereinstimmen. Die Frequenz ist unmittelbar von der Drehzahl abhängig. Die neu hinzuzuschaltende Maschine muß daher eine ganz genau bestimmte, der jeweiligen Frequenz entsprechende Drehzahl haben. Zu dieser Bedingung, die an sich mechanisch schwer durchführbar ist, da es sich um eine absolut genaue Übereinstimmung der Drehzahlen handelt, kommen noch die weiteren Bedingungen, daß die Effektivspannungen genau die gleiche Größe haben und daß außerdem die Spannungskurven in Phase sind. Sind diese Bedingungen erfüllt, so kann man die Schalter schließen und damit die Maschine mit dem Netz verbinden. Die neu hinzugeschaltete Maschine läuft dann ebenso wie die Gleichstrom-Maschine leer am Netz, da sich die Momentanwerte der Spannungen in jedem Augenblick gegenseitig aufheben.

b. Die Ausgleichströme und ihre Wirkungen.

Wenn man eine Gleichstrom-Maschine parallel zu einer anderen geschaltet hat, läuft sie zunächst leer am Netz, solange ihre Drehzahl und ihre Erregung unverändert bleibt Wächst durch einen Zufall die Drehzahl der Antriebsmaschine, so steigert sich mit dieser die Elektromotorische Kraft der von ihr angetriebenen Gleichstrom-Maschine und es fließt ein Strom, der die voreilende Maschine als Generator belastet und die zurückbleibende als Motor antreibt. Die Folge hiervon ist, daß die voreilende Maschine infolge ihrer Belastung etwas zurückbleibt und die zurückbleibende Maschine infolge ihrer Entlastung etwas voreilt, bis die Verschiedenheit ausgeglichen ist. Bleibt die zugeschaltete Maschine andererseits etwas zurück, so empfängt sie von der bereits laufenden Maschine einen Strom, der sie motorisch beschleunigt. Man nennt diesen von Maschine zu Maschine gehenden Strom den Ausgleichstrom, da er die Verschiedenheiten der beiden parallelgeschalteten Maschinen ausgleicht.

Eine Wechselstrom-Maschine läuft nach dem Parallelschalten zunächst ebenfalls leer am Netz. Es fragt sich nun aber, wie es möglich ist, daß die im Augenblick des Parallelschaltens vorhandene Übereinstimmung der Maschinen in Drehzahl und Phase dauernd aufrecht erhalten bleibt. Die Verhältnisse bei Gleichstrom lassen die richtige Vermutung aufkommen, daß auch hier wieder Ausgleichströme fließen, die die Maschinen im Tritt halten. Tatsächlich verursacht auch bei einer Wechselstrommaschine eine mechanische Voreilung des Ankers einen Ausgleichstrom, der die Maschine als Generator belastet, während beim Zurückbleiben des Ankers ein Ausgleichstrom auftritt, der die Maschine als Motor antreibt. Diese Ausgleichströme können aber bei einer Wechselstrom-Maschine naturgemäß nicht durch eine Änderung der Drehzahl verursacht werden, da diese zur Folge haben müßte, daß die Maschinen vollkommen aus dem Tritt fallen. Die mechanische Voreilung bzw. das Zurückbleiben des Ankers kann sich bei einer Wechselstrom-Maschine vielmehr nur innerhalb einer Polteilung abspielen. Nehmen wir an, daß eine Maschine das Bestreben hat, der anderen etwas vorauszueilen, so werden ihre Ankerdrähte innerhalb der Polteilung relativ zu den Magnetpolen schon etwas weiter nach vorn verschoben sein, als dies bei den übrigen Maschinen der Fall ist. Dies ist aber gleichbedeutend mit einer Phasenvoreilung der Spannung der zugeschalteten Maschine. In ähnlicher Weise wird ein Zurückbleiben des Ankers eine Phasennacheilung der erzeugten Spannung bedeuten. Je nach dem Sinn dieser Phasenverschiedenheit wird der Ausgleichstrom in dem einen oder dem anderen Sinne fließen. Im Augenblick des Parallelschaltens werden diese durch Phasenverschiedenheiten bedingten Ausgleichströme momentan entstehen und den Anker der zugeschalteten Maschine mit einem Ruck in die richtige Stellung vor den Polen drehen. Nachdem dieser Zustand erreicht ist, hören diese Ausgleichströme sofort auf. Sie sind demnach im wesentlichen momentane Stromstöße, aber als solche besonders gefährlich, da sie die Maschinen und ihre Wickelungen mechanisch stark beanspruchen. Um die durch Phasenverschiedenheiten verursachten Ausgleichströme in zulässigen Grenzen zu halten, ist es erforderlich, die Phasenverschiedenheiten vor dem Parallelschalten genau zu messen. Geschieht dies nicht, so läuft man Gefahr, daß die Ausgleichströme eine derartige Größe annehmen, daß sie den Betrieb stören und die Maschinen beschädigen.

Außer durch Phasenverschiedenheiten können auch durch verschiedene Größe der Spannungen der zuzuschaltenden und der bereits laufenden Maschine Ausgleichströme entstehen. Die durch Spannungsdifferenzen verursachten Ausgleichströme sind aber ihrer Natur nach wattlos. Sie wirken, wie aus dem folgenden Abschnitt hervorgeht, nicht unmittelbar auf die Maschinen zurück, sondern stellen lediglich eine wenn auch unerwünschte Strombelastung der Maschinenwickelungen und Schalterkontakte dar. Diese wattlosen Ausgleichströme fließen dauernd, solange die Erregung nicht geändert wird. Sie sind ungefährlich, wenn die Spannungsdifferenzen nicht allzu groß sind und können stets durch entsprechende Einstellung der Erregung der Maschinen in kleinen Grenzen gehalten bzw. zum Verschwinden gebracht werden, ohne daß hierdurch das Zusammenarbeiten der Maschinen beeinflußt wird.

c. Das Belasten der parallelgeschalteten Maschine.

Um die Gleichstrom-Maschine, die nach erfolgter Parallelschaltung zunächst leer am Netz läuft, zu belasten, verstärkt man ihre Erregung und damit ihre Elektromotorische Kraft, so daß diese die Spannung der bereits im Betrieb befindlichen

Maschine überwiegt. Infolgedessen liefert die neu hinzugekommene Maschine einen Strom, d. h. sie wird belastet. Die bisher der Gleichstrom-Maschine zugeführte mechanische Leistung reicht dann nicht mehr aus. Die antreibende Dampfmaschine wird daher verzögert werden und das Gewicht ihres Regulators wird heruntersinken. Hierdurch wird die Dampfzufuhr und damit die mechanische Leistung der Dampfmaschine vergrößert, bis die zugeführte mechanische Leistung wieder gleich der verbrauchten elektrischen Leistung ist. Bei der parallelgeschalteten Nebenschlußmaschine wird also die Belastung durch die Erregung verändert. Die Gleichstrom-Maschine wirkt hierbei auf die Dampfmaschine derart zurück, daß sich die Drehzahl und die zugeführte mechanische Leistung nach der geforderten elektrischen Leistung ändert, d. h. die Dampfmaschine gibt das her, was die Gleichstrom-Maschine fordert.

Bei Wechselstrom liegen die Verhältnisse ganz anders. Würde man hier nach erfolgter Parallelschaltung die Erregung der neu hinzugeschalteten Maschine vergrößern, so würde die Maschine wohl einen Strom liefern, aber ein Blick auf den Leistungsmesser zeigt uns, daß die Maschine keine Leistung übernimmt. Der gelieferte Strom ist demnach wattlos. Man kommt, wenn man die Verhältnisse vom rein mechanischen Standpunkt aus übersieht, zum selben Schlusse. Die von der Dampfmaschine gelieferte Leistung hängt lediglich von der Dampfzufuhr, d. h. von der jeweiligen Stellung des Regulatorgewichts, also von der Drehzahl der Dampfmaschine ab. Da aber die Drehzahl durch die elektrischen Bedingungen vollkommen festgelegt ist und sich daher nicht ändern kann, bleibt das Regulatorgewicht dauernd in derselben Stellung. Wie man auch die Erregung ändert, die Dampfmaschine liefert immer nur die Leerlaufsarbeit. Hieraus folgt, daß bei einer parallelgeschalteten Wechselstrommaschine die Belastung nicht von der elektrischen Seite her erfolgen kann, sie muß vielmehr von der antreibenden Dampfmaschine aus eingestellt werden. Die Einstellung der Leistung der Dampfmaschine erfolgt durch eine Verstellung des Regulatorgewichts. Durch eine Vergrößerung des Regulatorgewichts erreicht man, daß die Dampfmaschine bei derselben durch die Periodenzahl des Netzes ihr aufgezwungenen Drehzahl eine größere Menge Dampf erhält. Die Vermehrung des Dampfzutrittes hat eine mechanische Voreilung des Ankers der Wechselstrom-Maschine zur Folge, die ihrerseits einer elektrischen Belastung des Ankers entspricht. Die elektrische Leistung einer parallelgeschalteten Wechselstrom-Maschine kann also nur durch Änderung der zugeführten mechanischen Leistung verändert werden, d. h. die Wechselstrom-Maschine kann nur das hergeben, was ihr von der Dampfmaschine bei der jeweiligen Regulatorstellung zugeführt wird.

Für das Parallelschalten von Wechselstrom-Maschinen haben diese Verhältnisse insofern Bedeutung, als es von ihnen abhängt, ob die hinzugeschaltete Maschine unmittelbar nach dem Parallelschalten als Generator Last übernimmt, oder als Motor vom Netz angetrieben wird. Ist nämlich die Frequenz der parallel zu schaltenden Maschine etwas höher als die des Netzes, so wird die Maschine sofort nach dem Parallelschalten bestrebt sein, die frühere, etwas höhere Drehzahl beizubehalten. Sie kann dies nicht, da sie durch die Ausgleichströme im Tritt gehalten wird. Immerhin aber wird ihr Anker infolge der überschüssigen Antriebskraft innerhalb der Polteilung nach vorn verschoben. Diese Voreilung entspricht aber nach dem Vorausgegangenen einer elektrischen Belastung des Ankers als Generator, d. h. mit anderen Worten, eine parallelgeschaltete Wechselstrom-Maschine nimmt sofort nach dem Einschalten Last auf, wenn sie bei einer etwas zu hohen Frequenz parallelgeschaltet wird. Diese Belastung bleibt dauernd bestehen, solange die Regulatorstellung der Antriebsmaschine nicht geändert wird. In analoger Weise wird dann, wenn eine Maschine bei zu kleiner Frequenz eingeschaltet wird, ihr Anker hinter der normalen Stellung zurückbleiben. Dies bedeutet aber, daß die Maschine als Motor läuft und vom Netz aus angetrieben wird. Auch dieser Zustand ist dauernd, bis der Regulator der Antriebsmaschine entsprechend verstellt wird. Da meistens die bereits im Betriebe befindlichen Maschinen schon stark belastet sind, ehe man eine neue Maschine in Betrieb nimmt, wird man eine weitere Belastung des Netzes durch die zugeschaltete Maschine gern vermeiden. Man schaltet vielmehr, wenn es die Betriebsverhältnisse ermöglichen, stets bei etwas übersynchronem Gang, also bei etwas zu hoher Frequenz, ein.

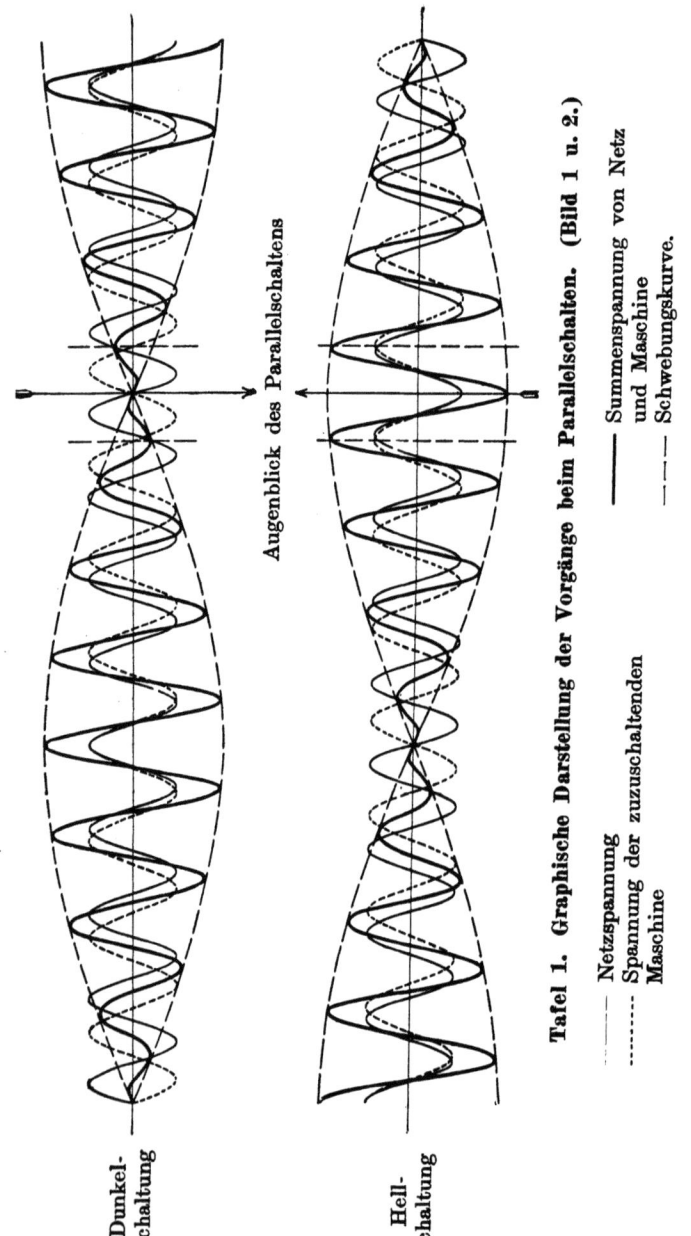

Tafel 1. Graphische Darstellung der Vorgänge beim Parallelschalten. (Bild 1 u. 2.)

——— Netzspannung
········· Spannung der zuzuschaltenden Maschine
——— Summenspannung von Netz und Maschine
— — — Schwebungskurve.

II. Die Ausführungsmöglichkeiten der Parallelschaltung.

a. Dunkelschaltung.

Wir hatten im vorhergehenden Abschnitt gesehen, daß bei einer parallel zu schaltenden Wechselstrom-Maschine außer der Spannung noch die Frequenz und die Phase genau mit den entsprechenden Größen der bereits im Betriebe befindlichen Maschine übereinstimmen müssen. Um eine Maschine neu in Betrieb zu nehmen, wird man sie zunächst annähernd auf die richtige Drehzahl bzw. Frequenz bringen, dann erregt man die Maschine so, daß ihre effektive Spannung gleich der Netzspannung ist. Die Einstellung auf gleiche Phasen scheint auf den ersten Blick wesentlich schwieriger, aber man kommt auch hier durch eine einfache Überlegung rasch zum Ziel. Da man ganz unabhängig von den sonstigen Schaltungsverhältnissen zwei beliebige Punkte miteinander verbinden kann, wenn sie genau das gleiche Potential haben, kann man den Hauptschalter (vgl. Bild 3), der die neue Maschine mit dem Netz verbindet, ohne weiteres einlegen, wenn zwischen den zu verbindenden Kontakten keine Spannungen vorhanden sind. Das einfachste Mittel, um das Vorhandensein einer Spannung zu erkennen, ist eine Glühlampe. Man schaltet also an die Kontakte der Schalter je eine für die Netzspannung bemessene Glühlampe. Leuchten die Lampen auf, so besteht zwischen den Kontakten des Schalters eine Spannung und man darf demgemäß nicht einschalten. Verlöschen die Glühlampen, so ist zwischen den Schalterkontakten keine oder nur eine sehr kleine Spannung vorhanden. Man könnte daher in diesem Falle den Schalter einlegen. Wenn man diese Schaltung tatsächlich ausführt, so zeigt sich, daß die Lampen periodisch aufleuchten und verlöschen. Die Zeiträume, in denen dies erfolgt, werden um so größer, je mehr die Frequenz der in Betrieb zu nehmenden Maschine mit der des Netzes übereinstimmt. Ein dauerndes Verlöschen der Lampen läßt sich praktisch nicht erreichen, da dies voraussetzen würde, daß die Frequenzen vom Zeitpunkt des Verlöschens der Lampen an mathematisch genau gleich bleiben. Man muß sich daher begnügen, wenn die Lampen in größeren Zeiträumen aufleuchten und verlöschen. Man legt den Schalter dann in einem

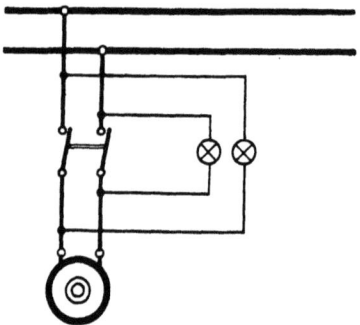

Bild 3. Direkte Schaltung.

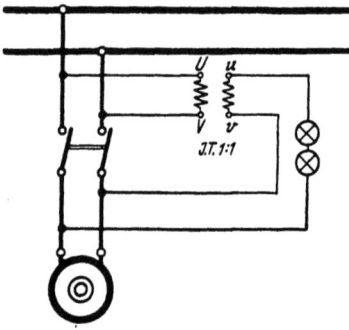

Bild 4. Halbindirekte Schaltung.

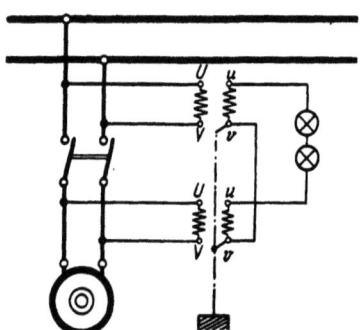

Bild 5. Indirekte Schaltung.

Die an den Phasenlampen auftretende Höchstspannung ist bei der direkten und halbindirekten Schaltung gleich der doppelten Netzspannung, bei der indirekten Schaltung dagegen 2×110 Volt.

Tafel 2. Ausführungsmöglichkeiten der Dunkelschaltung.

Zeitpunkt ein, in dem die Lampen dunkel sind. Die bei dieser Phasenabgleichung auftretenden elektrischen Vorgänge gehen aus dem oberen Kurvenbild auf Tafel 1 hervor. Die ausgezogene Sinuskurve ist die Spannungskurve des Netzes, die gestrichelte Kurve die Spannungskurve des hinzuzuschaltenden Generators. Die beiden Kurven unterscheiden sich entsprechend den nicht genau übereinstimmenden Drehzahlen der Generatoren nur durch eine geringe Frequenzabweichung. Infolge dieser Frequenzabweichung ändert sich dauernd die Phasenverschiebung zwischen der Generatorspannung und der Netzspannung und demgemäß auch die Summe dieser beiden Spannungen. Die resultierende Summenkurve ist stark ausgezeichnet. Diese Kurve zeigt Interferenzerscheinungen ähnlich den Schwebungen, die bei annähernd gleichen Wellenlängen in der Optik und Akustik auftreten. Der Augenblick des Parallelschaltens ist dann gekommen, wenn die Netzspannung und die Spannung der hinzuzuschaltenden Maschine einander gerade entgegengesetzt und gleich groß sind, so daß sie einander aufheben. Dies ist der Augenblick, in dem die Lampen verlöschen und in dem der Schalter eingelegt werden muß. Ist der Schalter eingelegt, so setzen sofort die Ausgleichströme ein, die die Maschinen auf absolut gleiche Periodenzahl bringen und dauernd auf dieser erhalten.

Bei der praktischen Ausführung der Dunkelschaltung gibt es drei Möglichkeiten, die direkte, die halbindirekte und die indirekte Schaltung. Bei der direkten Schaltung liegen die Phasenlampen unmittelbar an den zu vergleichenden Spannungen, wie es Bild 3 auf Tafel 2 zeigt. Bei der halbindirekten Schaltung wird auf der Sammelschienenseite ein im Verhältnis 1:1 übersetzender Isoliertransformator benutzt. Durch diesen werden die Sammelschienen elektrisch vollkommen von der Parallelschalteinrichtung getrennt. Man kann daher ohne weiteres den einen Pol der Sekundärwicklung des Isoliertransformators unmittelbar mit einer Maschinenleitung verbinden und die beiden in Reihe geschalteten Phasenlampen in die andere Leitung verlegen. Durch die einpolige Verbindung ergeben sich für die Ausführung der Schaltung mit Hilfssammelschienen wesentliche Vereinfachungen (vgl. Schaltbild 2 auf S. 65). Außerdem fallen die Schwierigkeiten weg, die bei der direkten Schaltung durch die zu den Phasenlampen parallel geschalteten Meßinstrumente ent-

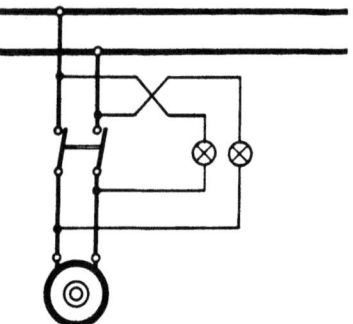

Bild 6. Direkte Schaltung.

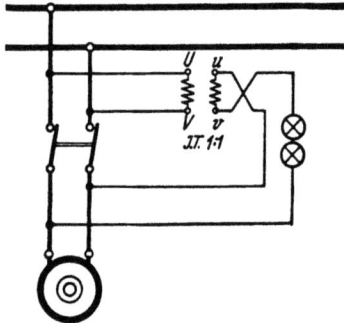

Bild 7. Halbindirekte Schaltung.

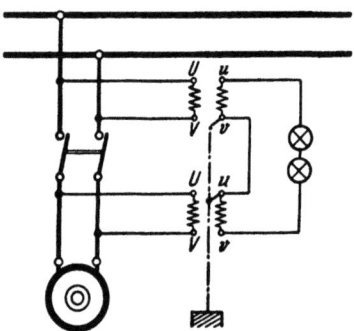

Bild 8. Indirekte Schaltung.

Die an den Phasenlampen auftretende Höchstspannung ist bei der direkten und halbindirekten Schaltung gleich der doppelten Netzspannung, bei der indirekten Schaltung dagegen 2×110 Volt.

Tafel 3. Ausführungsmöglichkeiten der Hellschaltung.

stehen (vgl. S. 59). Bild 5 zeigt die indirekte Schaltung mit Spannungswandlern, wie sie vorzugsweise bei Hochspannung ausgeführt wird. Die beiden Spannungswandler übersetzen hierbei in jedem Falle auf eine Sekundärspannung von 110 Volt, so daß die Meßeinrichtung nur Niederspannung führt. Die an den Phasenlampen auftretende Höchstspannung beträgt 2 × 110 Volt. Nach den Sicherheitsvorschriften des Verbandes Deutscher Elektrotechniker müssen hierbei die Sekundärwickelungen der Spannungswandler stets geerdet werden. Charakteristisch für die Dunkelschaltung ist es, daß diese Erdung immer an gleichnamigen Polen der Meßwandler erfolgt.

b. Hellschaltung.

Man kann die zur Phasenabgleichung benutzten Glühlampen auch mit überkreuzten Leitungen anschließen, wie es Bild 6 auf Tafel 3 zeigt. In diesem Falle wird die Spannung des hinzuzuschaltenden Generators über die Glühlampen hinweg in Reihe mit der Netzspannung geschaltet. Die Schaltung der Hauptleitung wird natürlich hierdurch nicht geändert, so daß in bezug auf diese nach wie vor Generator und Netz gegeneinander geschaltet sind. Wenn jetzt die Spannung zwischen den Schalterkontakten gleich Null ist, weil sich die gegeneinander geschalteten Spannungen aufheben, so wird im Kreise der Phasenlampen die doppelte Spannung auftreten, da sich in diesem Kreise die Spannung des Generators zu der Netzspannung addiert; mit anderen Worten, bei dieser Schaltung werden die beiden in Reihe geschalteten Glühlampen im Moment der Phasengleichheit mit der vollen Spannung brennen. Da der Schalter hierbei in dem Augenblick eingelegt wird, in dem die Lampen mit voller Lichtstärke brennen, nennt man diese Schaltung die Hellschaltung. Die hierbei auftretenden elektrischen Verhältnisse ergeben sich aus dem unteren Kurvenbild auf Tafel 1. Das Kurvenbild ist ohne weiteres verständlich, wenn man beachtet, daß die im Kreise der Phasenlampen wirkende Spannung der zuzuschaltenden Maschine durch die Überkreuzung der Leitungen um 180° herumgeklappt wird.

Für die praktische Ausführung der Hellschaltung gibt es ebenso wie bei der Dunkelschaltung drei Möglichkeiten, die direkte, die halbindirekte und die indirekte Schaltung. Bei der in Bild 6 dargestellten direkten Schaltung liegen die Phasenlampen unmittelbar an den zu vergleichenden Spannungen. Zu beachten ist hierbei der durch die Überkreuzung angedeutete wechselpolige Anschluß. Bei der in Bild 7 gezeigten halbindirekten Schaltung ist auf der Sammelschienenseite des Schalters wieder ein im Verhältnis 1:1 übersetzender Isoliertransformator eingeschaltet. Durch diesen werden die Sammelschienen elektrisch vollkommen von der Parallelschalteinrichtung getrennt. Man kann daher wieder den einen Pol der Sekundärwickelung des Isoliertransformators unmittelbar mit einer Maschinenleitung verbinden und die beiden in Reihe geschalteten Phasenlampen in die andere Leitung legen. Hierdurch ergeben sich für die Ausführung der Schaltung wesentliche Vereinfachungen (vgl. Schaltbild 7 auf S. 70). Ebenso fallen wieder die Schwierigkeiten weg, die bei der direkten Schaltung durch die zu den Phasenlampen parallel geschalteten Meßinstrumente entstehen (vgl. S. 61). Bild 8 zeigt die indirekte Schaltung mit Spannungswandlern. Die Sekundärspannung dieser Spannungswandler beträgt stets 110 Volt, so daß an den Phasenlampen eine Höchstspannung von 2 × 110, also 220 Volt, auftritt. Da die Sekundärwickelungen der Spannungswandler in Reihenschaltung liegen, kann hierbei die Erdung nur an dem gemeinsamen Punkt der beiden Wickelungen erfolgen. Die Erdung ist also im Gegensatz zu der Dunkelschaltung wechselpolig. Hierdurch ergeben sich für die Ausführung der Schaltungen erhebliche Schwierigkeiten, sobald mehr als zwei Maschinen wahlweise untereinander parallel geschaltet werden sollen, da eben die Vertauschung der Pole nur zwischen zwei Maschinen möglich ist.

c. Schaltungen mit Umkehrtransformator.

Die schaltungstechnischen Schwierigkeiten, die bei der Hellschaltung beim unmittelbaren Vergleich von mehr als zwei Maschinen durch die wechselpolige Erdung entstehen, führten den Verfasser zu einer neuen Schaltung, die im nachstehenden als Umkehrschaltung bezeichnet ist. Die neue Schaltung ist in Bild 9 dargestellt. Hierbei sind die Spannungswandler genau so wie bei der Dunkelschaltung geschaltet (vgl. Bild 5). Die Sekundärwickelungen sind demgemäß elektrisch gegeneinander geschaltet und gleichpolig geerdet. Um trotz dieser Dunkelschaltung der

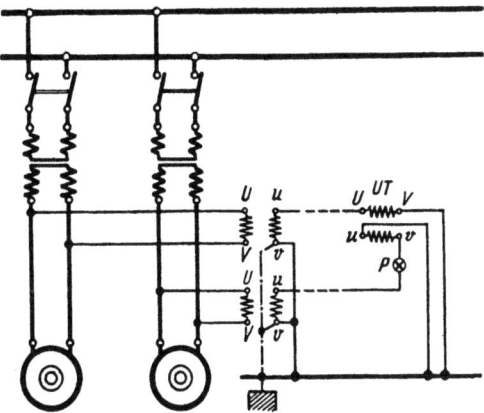

Bild 9. Umkehrschaltung. Die Maschinen-Spannungswandler sind hierbei genau wie bei der Dunkelschaltung gegeneinander geschaltet und gleichpolig geerdet. Durch einen besonderen Umkehrtransformator UT, der mit den Meßgeräten zusammen auf die jeweils parallel zu schaltenden Maschinen umgeschaltet wird, wird die Schaltung unmittelbar vor den Meßgeräten in eine Hellschaltung umgekehrt.

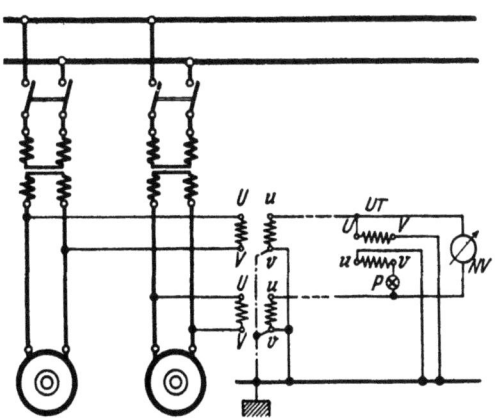

Bild 10. Gemischte Schaltung. Das Meßinstrument (NV) liegt hierbei in der normalen Dunkelschaltung, während die Phasenlampe unter Zwischenschaltung eines Umkehrtransformators in Hellschaltung arbeitet.

Tafel 4. Schaltungen mit Umkehrtransformator.

Maschinenanlage eine Hellschaltung der angeschlossenen Meßgeräte zu erreichen, ist hierbei ein besonderer Umkehrtransformator UT vorgesehen, der zu den Meßgeräten gehört und mit diesen auf die jeweils parallel zu schaltenden Maschinen umgeschaltet wird. Bei dem Umkehrtransformator sind stets zwei ungleichnamige Pole der Primärwickelung und der Sekundärwickelung miteinander verbunden und an den gemeinsam geerdeten Punkt der Schaltung angelegt. Die Wirkungsweise der Schaltung ist ohne weiteres verständlich, wenn man beachtet, daß die mit der Sekundärwickelung uv des Umkehrtransformators in Reihe geschaltete Phasenlampe an die Sekundärseite des im Bilde untenliegenden Spannungswandlers angeschlossen ist. Die Primärwickelung des Umkehrtransformators liegt mit vertauschten Polen an dem Spannungswandler der anderen Maschine. Die Spannung des oberen Spannungswandlers wird infolgedessen in den Kreis der Phasenlampe hineintransformiert, so daß in der Phasenlampe dieselben Schwebungen entstehen wie bei der normalen Hellschaltung. Da der Umkehrtransformator im Verhältnis 1:1 übersetzt, ist die an der Phasenlampe auftretende Höchstspannung 2×110 Volt.

Die schaltungstechnischen Vorteile des Umkehrtransformators kommen erst dann voll zur Geltung, wenn die Anlage drei und mehr Generatoren enthält, wie es Bild 83 zeigt, und man wahlweise Generator 1 mit Generator 2, Generator 1 mit Generator 3 und endlich Generator 2 und Generator 3 parallelschalten muß. Die unter Abschnitt b beschriebene Hellschaltung wäre in diesem Falle überhaupt nicht durchführbar. Der Umkehrtransformator gewährt aber noch den weiteren wesentlichen Vorteil, daß er es ermöglicht, in ein und derselben Schaltanlage gleichzeitig die Hell- und Dunkelschaltung anzuwenden. Bild 10 zeigt die prinzipielle Anordnung einer solchen gemischten Schaltung. Hierbei arbeitet die Phasenlampe in Hellschaltung, während das anzeigende Meßinstrument in Dunkelschaltung liegt. Hierdurch werden eine ganze Reihe von besonders betriebssicheren Kombinationen möglich, die bisher nicht ausführbar waren (vgl. die Instrumentsätze auf S. 50). Dieser Vorteil führt dazu, die Schaltung mit Umkehrtransformator neuerdings auch bei der Phasenvergleichung zwischen Generator und Sammelschienen anzuwenden.

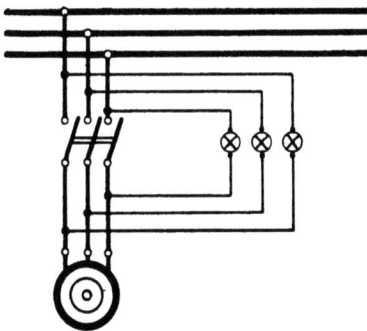

Bild 11. Dreiphasige Dunkelschaltung.

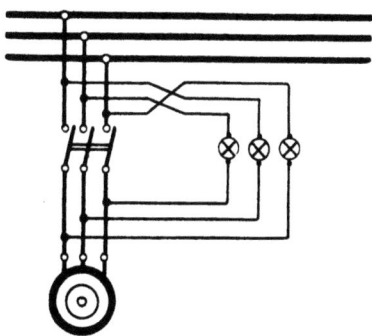

Bild 12. Dreiphasige Hellschaltung.

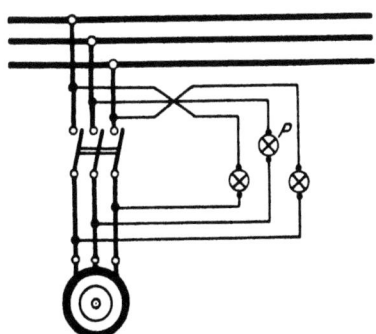

Bild. 13. Umlaufschaltung.
Die an den Lampen auftretende Höchstspannung ist gleich der doppelten Sternspannung, also das 1,15 fache der Netzspannung.

Tafel 5. Besondere Drehstrom-Schaltungen.

d. Besondere Drehstrom-Schaltungen.

Die in den Abschnitten a, b und c beschriebenen Schaltungen können ohne weiteres auch bei Drehstrom benutzt werden, wenn man die dritte Phase vollkommen unberücksichtigt läßt und die Phasenvergleichung nur an den Schalterkontakten der ersten beiden Phasen ausführt. Hierbei muß allerdings stets die Voraussetzung erfüllt sein, daß die Phasenfolge auf beiden Seiten des Schalters die gleiche ist. Man muß sich daher in jedem Falle bei der Inbetriebsetzung einer derartigen Schaltung davon überzeugen, ob diese Bedingung auch wirklich erfüllt ist (vgl. S. 126). Bei den hierzu erforderlichen Kontrollmessungen ist es oft zweckmäßig, eine provisorische dreiphasige Hilfsschaltung auszuführen, die unabhängig von der eigentlichen, in der Anlage eingebauten Parallelschaltvorrichtung arbeitet. Bild 11 zeigt eine derartige dreiphasige Dunkelschaltung und Bild 12 die entsprechende Hellschaltung. Ist die Phasenfolge vor und hinter dem Schalter die gleiche, so leuchten alle drei Lampen gleichzeitig periodisch auf und verlöschen dann wieder. Bei Phasengleichheit bleiben, je nach der gewählten Schaltung, alle drei Lampen dunkel oder sie brennen gleich hell. Die an den Lampen auftretende Höchstspannung ist hierbei gleich der doppelten Sternspannung, also das 1,15fache der Netzspannung.

In Bild 13 ist noch eine Umlaufschaltung angegeben, bei der die Glühlampen nicht gleichzeitig, sondern nacheinander aufleuchten. Diese Anordnung wird bei den Lampenapparaten mit umlaufendem Lichtschein benutzt, die auf Seite 29 beschrieben sind. Hierbei liegt die eine Phasenlampe P in Dunkelschaltung, während die anderen beiden, in ähnlicher Weise wie bei der Hellschaltung, an ungleichnamigen Polen liegen.

e. Vergleich der verschiedenen Schaltungsarten.

Rein theoretische Überlegungen führen zu dem Schlusse, daß die Dunkelschaltung einen exakteren Vergleich zuläßt als die Hellschaltung, da die Änderungsgeschwindigkeit der resultierenden Spannung, die durch die gestrichelte Schwebungskurve auf S. 6 dargestellt wird, bei der Dunkelschaltung im Augenblick des Parallelschaltens wesentlich größer ist. Eine geringfügige Abweichung von der Phase wird daher bei der Dunkelschaltung eine größere Änderung der resultierenden Spannung zur Folge haben als bei der Hellschaltung. In der Praxis werden jedoch die Verhältnisse durch die beim Parallelschalten auftretenden Nebenumstände wesentlich geändert. Die den theoretischen Erwägungen zugrunde gelegten Schwebungskurven gelten nur für den Fall, daß die beiden zu vergleichenden Spannungen vollkommen gleich groß sind. Tatsächlich wird diese Bedingung aber meistens nicht genau erfüllt sein, da sich die Spannungen mit der zu regelnden Frequenz ändern. Geringfügige Größenabweichungen der beiden Spannungen voneinander beeinflussen aber die Dunkelschaltung viel mehr als die Hellschaltung, da die Differenz zweier nahezu gleich großer Größen bei Änderung einer der beiden Größen prozentual viel rascher zunimmt als die Summe. Die resultierende Spannung wird daher bei der Dunkelschaltung unter Umständen gar nicht auf den Wert Null zurückgehen, so daß man überhaupt nicht zum Parallelschalten kommt. Aber auch bei vollkommener Gleichheit der Spannungen wird das Parallelschalten bei Dunkelschaltung, namentlich bei unruhig laufenden Maschinen, wesentlich größere Schwierigkeiten machen, da der für die Dunkelschaltung maßgebende Nulldurchgang der Schwebungskurve sehr rasch erfolgt. Das Einlegen des Hauptschalters ist daher nur während einer sehr kurzen Zeit möglich. Hierdurch wird der Maschinenwärter leicht ängstlich, so daß er entweder zu früh oder zu spät einschaltet. Der bei der Hellschaltung maßgebende Durchgang der Schwebungskurve durch den Höchstwert erfolgt dagegen verhältnismäßig langsam. Man kann ihn daher viel leichter verfolgen und kann demgemäß auch viel ruhiger und sicherer einschalten.

Meßtechnisch ist die Dunkelschaltung insofern im Nachteil, als alle Anzeigeapparate, also sowohl die Lampen als auch die Spannungsmesser, in der Nähe der Spannung Null besonders unempfindlich sind, während sie in der Nähe der Höchstspannung besonders genau anzeigen. Diese Eigentümlichkeit der Spannungsanzeigeapparate führt daher eher zu dem Schlusse, daß die Hellschaltung vorzuziehen sei, da nicht die Größenverhältnisse, sondern die Meßmöglichkeiten der vorkommenden Spannungen für die praktische Anwendung einer Schaltung ausschlaggebend sein müssen. Man hat diesen meßtechnischen Nachteil der Dunkelschaltung in der neuesten Zeit dadurch beseitigt, daß man die Nullspannungsmesser so ausführt, daß sie gerade in der Nähe des Nullpunktes eine besonders große Empfindlichkeit aufweisen (vgl. S. 34).

Hinsichtlich der Betriebssicherheit ist die Hellschaltung der Dunkelschaltung unbedingt überlegen, da die bei der Hellschaltung auftretende, in den Meßgeräten wirksame Summenspannung eben nur bei tatsächlichem Vorhandensein der beiden Teilspannungen auftreten kann, während die bei der Dunkelschaltung maßgebende Spannung Null auch durch eine Störung, z. B. durch Drahtbruch in der Lampe oder im Spannungsmesser, vorgetäuscht werden kann. Eine Störung in der Meßeinrichtung wird daher bei der Dunkelschaltung leicht zu einer Fehlschaltung Anlaß geben.

Schaltungstechnisch ist die Dunkelschaltung hinsichtlich ihrer Einfachheit und Übersichtlichkeit der Hellschaltung überlegen. Bei der Dunkelschaltung entstehen alle Schaltungen durch einfaches Vergleichen von Punkten gleichen Potentials, während bei der Hellschaltung stets Vertauschungen, also Leitungsüberkreuzungen, erforderlich sind, die die Übersichtlichkeit der Schaltung erschweren und die wahlweise Vergleichung von mehr als zwei Spannungen unmöglich machen. Hierzu kommt noch der Umstand, daß sich bei den indirekten Schaltungen mit Meßwandlern infolge der durch die Leitungsüberkreuzungen bedingten Polvertauschungen eine einwandfreie Erdung der Meßwandler nicht durchführen läßt.

Die vorstehenden Erwägungen führen zu dem Schlusse, daß meßtechnisch die Hellschaltung und die Dunkelschaltung bei Verwendung entsprechender Meßinstrumente annähernd gleichwertig sind. Jedenfalls dürften die Vorteile der einen oder der anderen Schaltungsart nicht so ausschlaggebend sein, daß sie für die Wahl bestimmend sind. Hinsichtlich der Betriebssicherheit gebührt dagegen der Hellschaltung unbedingt der Vorzug, um so mehr, als von der Betriebssicherheit der Parallelschalteinrichtung das Wohl und Wehe des Kraftwerkes abhängt. Schaltungstechnisch gebührt hingegen wiederum der Dunkelschaltung der Vorzug, da diese eine für alle Maschinen vollkommen gleichartige Schaltung und eine einwandfreie Erdung der Meßwandler ermöglicht. Dieser letztgenannte Umstand hat, da gerade die Erdung durch die Sicherheitsvorschriften des Verbandes deutscher Elektrotechniker verlangt wird, bisher dazu geführt, daß die Dunkelschaltung in den meisten Fällen angewendet wird. Durch die vom Verfasser angegebene neue Umkehrschaltung sind die schaltungstechnischen Schwierigkeiten, die zur Wahl der Dunkelschaltung führten, beseitigt. Die parallel zu schaltenden Maschinen werden hierbei stets entsprechend der Dunkelschaltung gleichpolig verbunden, während die am Umkehrtransformator liegenden Meßgeräte in Hellschaltung arbeiten. Die Umkehrschaltung vereinigt also die schaltungstechnischen Vorteile der Dunkelschaltung mit den betriebstechnischen Vorteilen der Hellschaltung. Man kann bei Verwendung des Umkehrtransformators auch die Dunkelschaltung mit der Hellschaltung zu einer gemischten Schaltung verbinden, indem man einen Teil der Meßgeräte in Dunkelschaltung und einen anderen in Hellschaltung arbeiten läßt. Auch hierbei wird die Betriebssicherheit der Parallelschalteinrichtung gegenüber der reinen Dunkelschaltung wesentlich vergrößert, ganz abgesehen von den Vorteilen, die daraus erwachsen, daß man durch die festliegende Maschinenschaltung nicht an eine bestimmte Schaltung der Apparate gebunden ist. Man kann daher bei schwierigen Betriebsverhältnissen gegebenenfalls die verschiedenen Meßgeräte gleichzeitig ausprobieren und sich auf diese Weise eine allen Anforderungen entsprechende Parallelschalteinrichtung zusammenstellen.

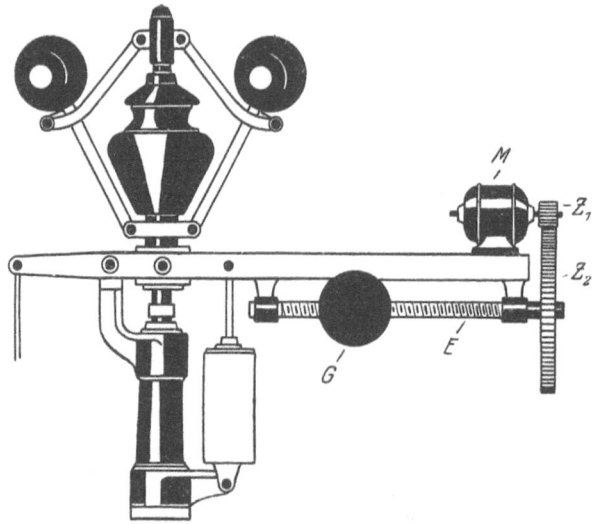

Bild 14. Der Gleichstrom-Motor M treibt über das Zahnradvorgelege $Z_1 Z_2$ die Einstellspindel E an und bewegt auf diese Weise das Laufgewicht G. Die Verschiebung des Laufgewichts nach rechts hat eine Beschleunigung der Antriebsmaschine zur Folge, während eine Verschiebung nach links einer Verzögerung der Antriebsmaschine entspricht.

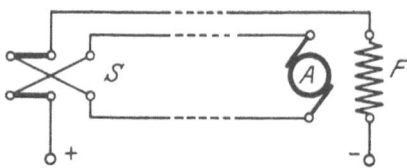

Bild 15. Durch den an der Bedienungsschalttafel angebrachten Umschalter S wird der Einstellmotor des Regulators umgesteuert.

Tafel 6. Elektrische Einstellvorrichtung für den Regulator der Antriebsmaschine.

III. Die technischen Hilfsmittel zum Parallelschalten.

a. Elektrische Einstellvorrichtung für den Regulator der Antriebsmaschine.

Da die Leistung einer parallel geschalteten Wechselstrommaschine nur von der Antriebsseite aus geregelt werden kann (vgl. S. 3), ist es erforderlich, auch die Antriebsmaschine von der Schalttafel aus zu regeln. Die hierzu erforderliche Änderung der Regulatorbelastung wird zweckmäßig durch die nachstehend beschriebene elektrische Einstellvorrichtung vorgenommen. Diese Vorrichtung ist auch für den Vorgang des Parallelschaltens sehr zweckdienlich, da sich mit ihr die Drehzahl der zuzuschaltenden Maschine von der Schalttafel aus sehr genau auf die Netzfrequenz einstellen läßt.

Die von den SSW. gebaute Einstellvorrichtung ist in Bild 14 schematisch dargestellt. Sie besteht im wesentlichen aus einem kleinen Elektromotor M, der über ein Vorgelege $Z_1 Z_2$ die Einstellspindel E des Regulators antreibt und auf diese Weise das Regulatorgewicht G verschiebt. Bei Verschiebung des Gewichts nach rechts wird der Regulator belastet und damit der Dampfzutritt zur Maschine vergrößert, während bei Verschiebung nach links eine Entlastung des Regulators und damit eine Abdrosselung der Dampfzufuhr eintritt. An der Schalttafel, von der aus die Ferneinstellung erfolgen soll, wird lediglich ein Hebelumschalter angebracht, durch den der Motor M in der einen oder anderen Drehrichtung eingeschaltet wird, je nachdem ob die Leistung der Kraftmaschine vergrößert oder verkleinert werden soll (vgl. Bild 15). Der Umschalter ist so eingerichtet, daß er beim Loslassen selbsttätig in die Ausschaltstellung zurückkehrt. Um ein Einschalten des Motors nach erreichter Endstellung des Laufgewichts zu verhüten, ist an dem Vorgelege ein Endausschalter angebracht, der den Motor selbsttätig in der Endstellung ausschaltet.

b. Frequenzmesser.

Nachdem die Antriebsmaschine in Betrieb gesetzt ist, wird mittels der vorherbeschriebenen Einstellvorrichtung die Frequenz des zuzuschaltenden Generators genau eingestellt. Zur Messung der Frequenz benutzt man einen elektrischen Frequenzmesser.

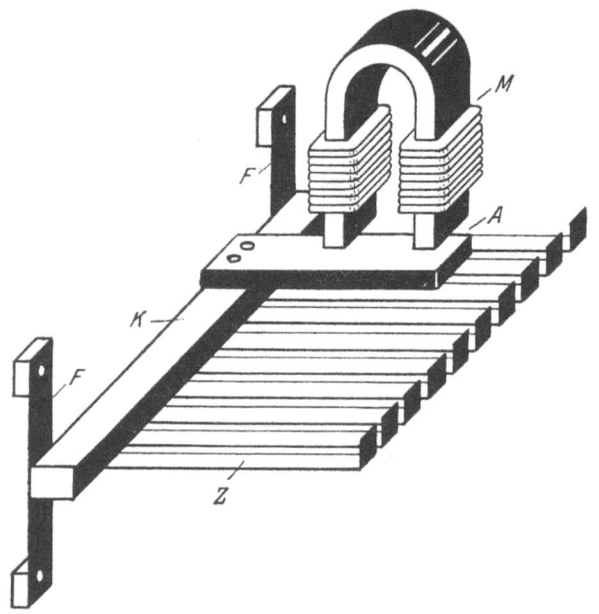

Bild 16. Indirekte Erregung der Zungen.
(Bauart Siemens.)

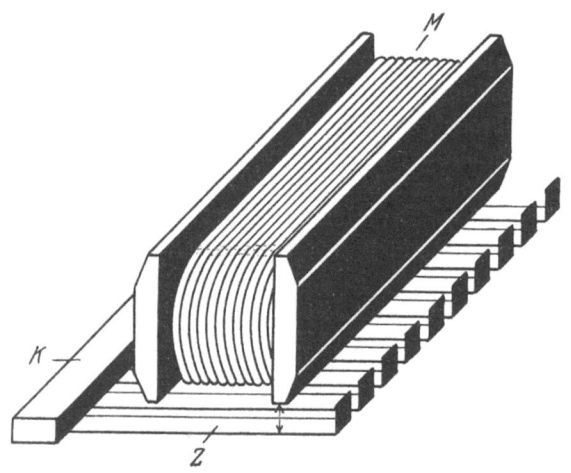

Bild 17. Direkte Erregung der Zungen.
(Bauart Hartmann & Braun.)

Tafel 7. Meßwerke der Zungenfrequenzmesser.

Zungenfrequenzmesser.

Das Meßwerk der Zungenfrequenzmesser beruht auf dem Resonanzprinzip. Es besteht aus einer Reihe Federn, sog. Zungen, die auf verschiedene Eigenschwingungszahlen mechanisch abgestimmt sind. Die Zungen stehen unter der Einwirkung eines Elektromagneten. Wird dieser von dem zu untersuchenden Wechselstrom durchflossen, so geraten diejenigen Zungen, deren Eigenschwingungszahl mit der Frequenz des Wechselstromes übereinstimmt, infolge der Resonanzwirkung in heftige Schwingungen, so daß ein deutlich sichtbares Schwingungsbild entsteht. Die übrigen Zungen, deren Eigenschwingungszahl von der Frequenz des Wechselstromes abweicht, schwingen nur ganz leicht mit, so daß sie praktisch in Ruhe erscheinen. Die verschiedenen Bauformen der Frequenzmesser unterscheiden sich durch die Art der Übertragung der Schwingungen des Wechselstromes auf die Zungen. Bei den Frequenzmessern von S. & H. sind sämtliche Zungen Z auf einem gemeinsamen, auf Federn gelagerten Steg, dem Zungenkamm K, befestigt, wie es Bild 16 zeigt. Der Zungenkamm trägt einen Anker A, der einem feststehenden Elektromagneten M gegenübersteht. Bei Erregung des Elektromagneten werden daher die elektrischen Schwingungen zunächst auf den Zungenkamm und von diesem auf die Federn übertragen. Bei den in Bild 17 dargestellten Frequenzmessern von Hartmann & Braun werden dagegen die Zungen unmittelbar elektrisch erregt. Die Stahlzungen Z werden hierbei auf einer festen Unterlage K angebracht und durch einen längs der ganzen Zungenreihe verlaufenden Elektromagneten M in Schwingungen versetzt. Das Schwingungsbild ist bei beiden Bauformen das gleiche.

Um die Frequenz der zuzuschaltenden Maschine bequem mit der Netzfrequenz vergleichen zu können, vereinigt man zweckmäßig den Maschinenfrequenzmesser mit dem Netzfrequenzmesser zu einem Doppelfrequenzmesser. Bei diesem liegen die beiden Skalen dicht übereinander, wie es die Bilder auf S. 48 und 50 zeigen. Entsprechend dem Vorgang beim Parallelschalten wird das Schwingungsbild der zuzuschaltenden Maschine auf der oberen Skala wandern, während das zur Netzfrequenz gehörige Schwingungsbild auf der unteren Skala feststeht. Die Drehzahl der zuzuschaltenden Maschine wird dann solange geregelt, bis die beiden Schwingungsbilder genau übereinanderstehen.

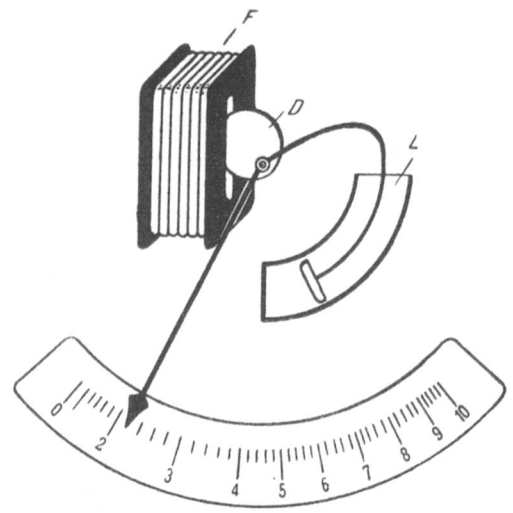

Bild 18. Flachspultype. Das Eisenblättchen D wird in die Feldspule F hineingezogen und erzeugt so den Zeigerausschlag. Als Gegenkraft dient eine Spiralfeder.

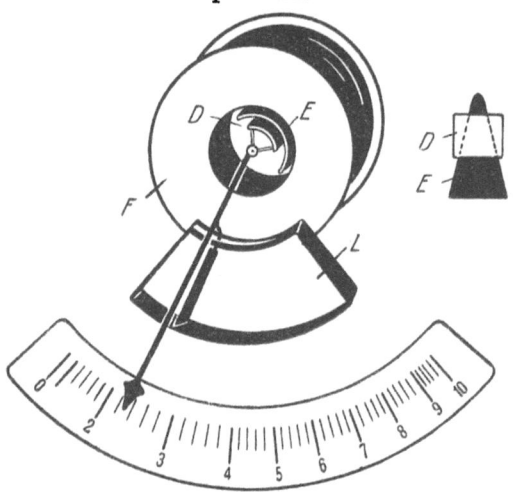

Bild 19. Rundspultype. Innerhalb der Feldspule F ist ein feststehendes Eisenstückchen E angebracht, das auf das bewegliche Eisenstückchen D abstoßend wirkt. Die Bewegungen werden durch die Luftdämpfung L gedämpft.

Tafel 8. Meßwerke der Spannungsmesser.

c. Spannungsmesser.

Nachdem die Frequenz der zuzuschaltenden Maschine richtig eingestellt ist, wird auch ihre Spannung auf den der Netzspannung entsprechenden Wert gebracht. Zum Vergleichen der beiden Spannungen werden bei den Parallelschalteinrichtungen meist besondere Spannungsmesser vorgesehen.

Als Meßwerk für diese Instrumente wird vorzugsweise das Dreheisen-Meßwerk benutzt. Dieses besteht im wesentlichen aus einem drehbar gelagerten Eisenstückchen und einer vom zu messenden Strome durchflossener Feldspule. Unter der Einwirkung des in der Feldspule fließenden Stromes wird das Eisenstückchen in den Hohlraum der Spule hineingezogen bzw. in ihm bewegt. Je nach der Form der Feldspule unterscheidet man Flachspul- und Rundspul-Meßwerke. Bei den von S. & H. gebauten Flachspul-Instrumenten wird ein kleines herzförmiges Eisenstückchen benutzt, das exzentrisch auf der Zeigerachse gelagert ist und in den Hohlraum einer seitlich angeordneten Spule hineingezogen wird (vgl. Bild 18 auf Tafel 8). Bei den von Hartmann & Braun, der Allgem. Elektrizitäts-Gesellschaft u. a. gebauten Rundspul-Instrumenten wird eine zur Zeigerachse konzentrische, kreisförmige Spule benutzt, an deren Innenwand noch ein festes Eisenstückchen angebracht ist (vgl. Bild 19). Das auf der Zeigerachse sitzende bewegliche Eisenstückchen wird dann in gleichem Sinne magnetisiert wie das feststehende. Es besteht daher eine abstoßende Kraft, deren Größe durch die Formgebung der Eisenstückchen bedingt ist. Als Gegenkraft dient meistens eine Spiralfeder.

Um das Vergleichen der beiden Spannungen zu erleichtern, vereinigt man zweckmäßig den Maschinenspannungsmesser und den Netzspannungsmesser zu einem Doppelspannungsmesser. Die beiden Meßwerke werden hierbei hintereinander angeordnet, so daß die Zeiger über einer Skala spielen (vgl. Tafel 12). Um mit nur einer Skalenteilung auszukommen, führt S. & H. die Eichung so aus, daß der Nullpunkt und der der Normalspannung entsprechende Teilstrich für beide Meßwerke übereinstimmen. Die weiteren Teilstriche werden dann als Mittelwerte eingezeichnet. Auf diese Weise wird es erreicht, daß die Angaben der beiden Meßwerke für die praktisch allein in Frage kommende Normalspannung genau übereinstimmen. Die etwaigen Abweichungen treten nur bei den übrigen, weniger wichtigen Skalenteilen auf und werden überdies durch die Mittelwertseinzeichnung halbiert, so daß auch hier eine praktisch vollkommen ausreichende Meßgenauigkeit erzielt wird. Da der Zeiger für die Netzspannung im normalen Betriebe stets auf einem bestimmten, der normalen Betriebsspannung entsprechenden Werte steht und der Zeiger der hinzuzuschaltenden Maschine auf diesen Wert eingestellt werden soll, wird der Zeiger für die Netzspannung als rote bewegliche Kennmarke ausgebildet, wie aus Tafel 12 ebenfalls ersichtlich ist. Die zuzuschaltende Maschine wird dann stets so erregt, daß der Zeiger des oberen Meßwerkes über dieser Kennmarke einspielt.

d. Phasenlampen.

Nachdem die zuzuschaltende Maschine auf die richtige Frequenz und Spannung gebracht ist, muß noch die Phasengleichheit zwischen Maschine und Netz hergestellt werden. Hierzu kann man einfache Glühlampen benutzen, die man, wie auf S. 8 u. 10 beschrieben, entweder als Phasenlampen für Dunkelschaltung oder für Hellschaltung schaltet. Für ein exaktes Parallelschalten, namentlich bei größeren Maschinen, reichen jedoch die Phasenlampen wegen der geringen erreichbaren Meßgenauigkeit nicht aus. Bei der Dunkelschaltung verlischt die Phasenlampe, bevor die Spannung wirklich gleich Null wird; bei der Hellschaltung ist zwar das Lichtmaximum leicht erkennbar, jedoch stört hier die Blendwirkung der Lampe. Man verwendet daher die Phasenlampen nicht als selbständige, sondern nur als ergänzende Meßmittel zu anderen, genaueren Meßgeräten. Sie haben dann im wesentlichen den Zweck, durch ihr Aufleuchten bzw. Verlöschen dem Beobachter anzuzeigen, daß die Parallelschalteinrichtung ordnungsgemäß arbeitet.

Um zu vermeiden, daß die Phasenlampen schon vorher verlöschen, ehe die Spannung gleich Null wird, verwendet die Firma Hartmann & Braun für die Dunkelschaltung eine besondere Schaltweise, bei der die Lampen durch eine konstante Spannung bis zum Beginn des Leuchtens vorbelastet werden. Die Wirkungsweise dieser Schaltung ist aus Bild 20 ersichtlich. An Stelle der sonst üblichen zwei Phasenlampen (vgl. Bild 3) werden hierbei vier Phasenlampen verwendet, die durch einen regelbaren Widerstand R, ähnlich wie bei einer Brückenschaltung, miteinander verbunden sind. Die Lampen P_1 und P_2 liegen über diesen Widerstand an der konstanten Netzspannung, während die Lampen P_3 und P_4, ebenfalls über diesen Widerstand, an der konstanten

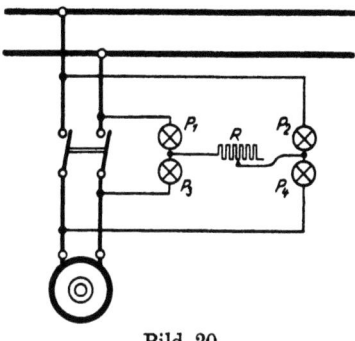

Bild 20.

Maschinenspannung liegen. Der Widerstand R wird so eingestellt, daß alle vier Lampen bei Phasengleichheit durch die von den beiden Spannungen gelieferten Vorbelastungsströme bis zum Beginn des Leuchtens gebracht werden. Während des Vorganges der Parallelschaltung werden dann die Lampen ebenso wie bei der normalen Schaltung aufleuchten und verlöschen, jedoch fällt der Zeitpunkt des Verlöschens dann mit dem Zeitpunkt der Phasengleichheit zusammen.

Um die Blendwirkung der hellaufleuchtenden Lampen zu beseitigen und es von vornherein kenntlich zu machen, ob sie in Hell- oder Dunkelschaltung arbeiten, baut S. & H. die Phasenlampen in Gehäuse mit einer Transparentscheibe ein. Bei Hellschaltung wird die Transparentscheibe so ausgeführt, daß beim Aufleuchten der Lampe das Signal „Achtung" sichtbar wird und den Maschinenwärter darauf aufmerksam macht, daß der Augenblick des Parallelschaltens nahe ist. Bei Dunkelschaltung wird dagegen die Scheibe so eingerichtet, daß beim Aufleuchten der Lampe das Warnungssignal „Nicht schalten" erscheint. Man kann jedoch auch bei Dunkelschaltung an Stelle des Warnungssignales ein Achtungssignal erhalten, wenn man die vom Verfasser vorgeschlagene Umkehrschaltung (vgl. S. 12) verwendet. Man erreicht hierdurch eine wesentlich größere Betriebssicherheit.

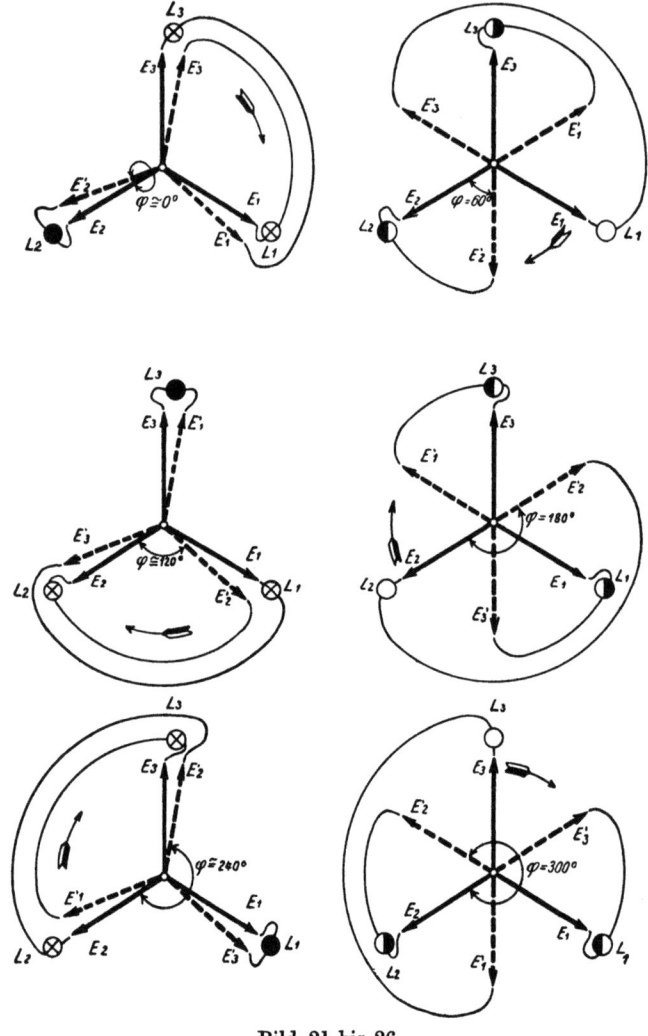

Bild 21 bis 26.

Es bedeutet:
- ● Lampe ist dunkel ($E_l = 0$).
- ◐ zunehmende Lichtstärke ($E_l = E_p = 0{,}58\,E$).
- ⊗ mittlere Helligkeit ($E_l = 1{,}73\,E_p = E$).
- ○ größte Lichtstärke ($E_l = 2\,E_p = 1{,}15\,E$).
- ◑ abnehmende Lichtstärke ($E_l = E_p = 0{,}58\,E$).

Tafel 9. Darstellung der Spannungs- und Lichtverhältnisse am Dreilampen-Apparat.

e. Lampenapparate.

Zum Parallelschalten von Drehstrom-Maschinen kann man an Stelle der einfachen Phasenlampen für Hell- oder Dunkelschaltung auch die auf S. 15 beschriebene Umlaufschaltung benutzen, bei der die Lampen nicht gleichzeitig, sondern nacheinander aufleuchten und verlöschen. Der auf dieser Schaltung beruhende, von Dr. Michalke angegebene Lampenapparat besteht in seiner einfachsten Ausführung aus drei im Dreieck angeordneten Glühlampen. Der Lichtschein wandert hierbei je nachdem, ob die Drehzahl der zuzuschaltenden Maschine zu hoch oder zu niedrig ist, in dem einen oder anderen Sinne im Kreise herum, so daß man ohne weiteres sehen kann, in welchem Sinne die zuzuschaltende Maschine zu regeln ist.

Die Arbeitsweise des Lampenapparates ist aus dem Diagramm auf S. 28 ersichtlich. In diesem Diagramm stellt der Stern $E_1E_2E_3$ die Sternspannungen des Netzes und $E_1'E_2'E_3'$ die entsprechenden Sternspannungen der zuzuschaltenden Maschine dar. Die Phasenverschiebung zwischen diesen beiden Spannungssystemen ist durch den Winkel φ bezeichnet. Um eine leichte Übersichtlichkeit zu erzielen, sind die Phasenlampen $L_1L_2L_3$ unmittelbar an die entsprechenden Spannungsvektoren angeschlossen. Die an den einzelnen Lampen auftretende Spannung ist dann durch die Resultierende der mit den Lampen verbundenen Vektoren gegeben. Allerdings muß hierbei beachtet werden, daß die Vektoren in bezug auf den Stromkreis gegeneinander geschaltet sind. Die resultierende Spannung ist demgemäß nicht die Summe, sondern die geometrische Differenz der beiden Einzelspannungen. Hiernach ergeben sich für das erste Diagrammbild die folgenden Verhältnisse. Die beiden räumlich gleichgerichteten, gleichgroßen Vektoren E_2 und E_2' heben einander auf, da sie im Stromkreis gegeneinander geschaltet sind. Ihre Resultierende ist demgemäß gleich Null. Die Lampe L_2 verlischt daher. Die an der Lampe L_1 auftretende Spannung ergibt sich als Resultierende der Spannungen E_1 und E_3' dadurch, daß man den einen Vektor E_3' um 180° herumklappt und ihn geometrisch zu E_1 addiert. Da die Spannungen E_1 und $-E_3'$ um 60° verschoben sind, beträgt die Resultierende $1,73 \cdot Ep = E$, die Lampe L_1 brennt daher mit der vollen Netzspannung. In analoger Weise ergibt sich die Spannung an der Lampe L_3 als Resultierende der Spannungen E_3 und E_1'. Die

Lampe L_3 brennt daher ebenfalls mit voller Netzspannung. Im nächsten Bild erreicht die Spannung der Lampe L_1 ihren Höchstwert $2 \cdot Ep = 1{,}15 E$, während die Lampen L_2 und L_3 nur noch mit annähernd der halben Netzspannung brennen. Hierbei ist jedoch zu beachten, daß die Lichtstärke der Lampe L_3 im Abnehmen begriffen ist und die der Lampe L_2 zunimmt. In den folgenden Diagrammbildern sind die Verhältnisse für die verschiedenen, zeitlich nacheinander auftretenden Phasenverschiebungen φ durchgeführt und ergeben an Hand der eingezeichneten Lampenbilder deutlich das Wandern des Lichtscheins bei der Änderung der Phasenverschiebung. Der Drehsinn des Lichtscheins hängt davon ab, ob sich der Spannungsstern $E_1' E_2' E_3'$ in dem einen oder in dem anderen Sinne gegen den Spannungsstern $E_1 E_2 E_3$ verschiebt, d. h., ob die zuzuschaltende Maschine zu langsam oder zu schnell läuft. Hat die zuzuschaltende Maschine die synchrone Drehzahl erreicht, so bleibt der Lichtschein stehen. Die Verteilung der Spannung auf die drei Lampen hängt hierbei lediglich von der Phasenverschiebung der zu vergleichenden Spannungen ab. Wird diese Phasenverschiebung gleich Null, ist also Phasengleichheit erreicht, so verlischt die in Dunkelschaltung liegende Lampe L_2, während die beiden anderen Lampen mit der verketteten Spannung brennen. Es ist demgemäß bei dem Lampenapparat nicht nur das Wandern des Lichtscheins und sein Stehenbleiben zu beachten, sondern der Lichtschein muß in einer ganz bestimmten Lage stehenbleiben, wenn Phasengleichheit erreicht ist. Um die hieraus entstehende Unsicherheit zu vermeiden, schaltet man meistens parallel zu der als Phasenlampe geschalteten Glühlampe einen Nullspannungsmesser und liest an diesem die Phasengleichheit ab. Der Lampenapparat wird dann lediglich zum Einstellen auf die synchrone Drehzahl benutzt. Er bietet hierbei den Vorteil, daß er auf größere Entfernungen abgelesen werden kann, so daß eine besondere Befehlsübertragung von der Schaltbühne zur Maschine nicht erforderlich ist.

Bei der besseren Ausführung des Lampenapparates werden an Stelle der drei Lampen sechs Glühlampen verwendet, von denen immer je zwei gegenüberliegende parallel geschaltet sind. Die Lampen werden hierbei durch das Gehäuse verdeckt und sind um einen konischen Reflektor angeordnet, wie Bild 28 zeigt. Die Wirkungsweise dieses Apparates ergibt sich ohne weiteres aus

31

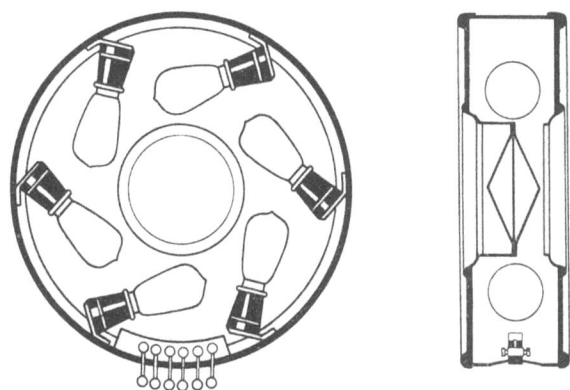

Bild 27 und 28. Innenansicht des Sechslampen-Apparates. Die verdeckt angeordneten Lampen erzeugen auf dem konischen Reflektor einen rotierenden Schattenstrich.

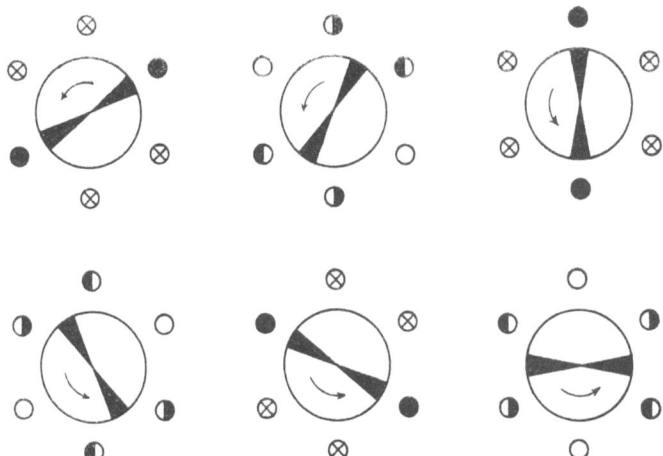

Bild 29 bis 34. Darstellung der Lichtverhältnisse im Sechslampen-Apparat.

Es bedeutet:
- ● Lampe ist dunkel ($E_l = 0$).
- ◐ zunehmende Lichtstärke ($E_l = E_p = 0{,}58\,E$).
- ⊗ mittlere Helligkeit ($E_l = 1{,}73\,E_p = E$).
- ○ größte Lichtstärke ($E_l = 2\,E_p = 1{,}15\,E$).
- ◑ abnehmende Lichtstärke ($E_l = E_p = 0{,}58\,E$).

Tafel 10. Bauart und Wirkungsweise des Sechslampen-Apparates.

den Bildern auf Tafel 10. Diese sind aus dem Diagramm auf S. 28 dadurch entstanden, daß an Stelle einer Lampe stets zwei diametral gegenüberstehende, parallel geschaltete Lampen eingezeichnet

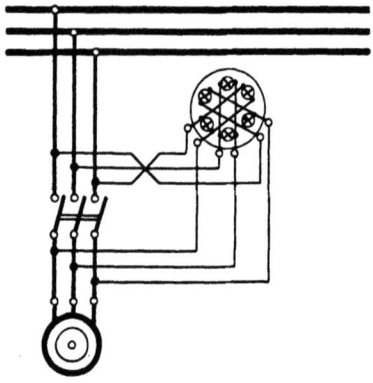

Bild 35.

sind. Die Lampen erzeugen auf dem konischen Reflektor durch die seitliche Beleuchtung einen Schattenstrich, der bei der Änderung der Phasenverschiebung tatsächlich rotiert. Die an den Lampen auftretende Höchstspannung ist ebenso wie bei dem Dreilampenapparat das 1,15fache der Netzspannung.

Die AEG. baut einen Apparat mit umlaufendem Zeiger, der in gleicher Weise wie der Lampenapparat geschaltet ist. An Stelle der Lampen sind hierbei sechs im Kreise angeordnete Elektromagnete verwendet. Vor den Polen der Magnete liegt ein dünner, drehbarer Eisenanker, der bei der zyklischen Magnetisierung der Magnete in Drehung versetzt wird. Je nachdem, ob die parallel zu schaltende Maschine zu schnell oder zu langsam läuft, dreht sich der Anker in dem einen oder anderen Sinne. Der Apparat unterscheidet sich von den in Abschnitt i) beschriebenen Synchronoskopen mit umlaufendem Zeiger dadurch, daß der Anker bei Phasengleichheit nicht in einer bestimmten Stellung stehenbleibt. Zur Feststellung der Phasengleichheit ist daher stets noch ein besonderer Apparat erforderlich.

f. Nullspannungsmesser.

Da die Phasenlampen nur eine verhältnismäßig rohe Schätzung der Spannung gestatten, benutzt man zweckmäßig zur genaueren

Nullspannungsmesser.

Messung noch einen besonderen Spannungsmesser, den man parallel zu den Phasenlampen anschließt. Bei der Dunkelschaltung muß dieser Spannungsmesser so gebaut sein, daß er in der Nähe des Nullpunktes genaue Ablesungen gestattet, d. h. seine Skala muß am Anfang weit auseinandergezogen sein. Man nennt einen so gebauten Spannungsmesser einen Nullspannungsmesser. Beim Parallelschalten schwankt der Zeiger entsprechend den Schwebungen der Spannungskurve dauernd zwischen Null und einem Höchstwert hin und her und bleibt bei Phasengleichheit für einen Augenblick auf Null stehen. Der dem Höchstwert der Spannung entsprechende Meßbereich des Nullspannungsmessers muß je nach der Schaltung für die doppelte Netzspannung, für die doppelte Sternspannung, oder für die doppelte Sekundärspannung der Meßwandler bemessen sein.

Bei der Beurteilung der Wirkungsweise des Nullspannungsmessers muß man beachten, daß dieser nur die an den Schalterkontakten auftretenden Spannungsdifferenzen anzeigt, ganz unabhängig davon, ob diese durch Phasen- oder Spannungsverschiedenheiten verursacht werden. Wie auf S. 3 bereits gesagt wurde, kommt es jedoch beim Parallelschalten in erster Linie darauf an, die durch Phasenverschiedenheiten verursachten Spannungsdifferenzen zu vermeiden, da diese die gefährlichen, wattleistenden Ausgleichströme zur Folge haben. Um es zu erreichen, daß der Nullspannungsmesser nur diese gefährlichen Spannungsdifferenzen anzeigt, muß die Spannung der zuzuschaltenden Maschine so geregelt werden, daß sie genau die gleiche Größe wie die Netzspannung erhält. Es genügt keineswegs, die Spannung der zuzuschaltenden Maschine nur annähernd gleich der Netzspannung zu machen, da die im Nullspannungsmesser auftretende Spannungsdifferenz die Differenz zweier nahezu gleicher Größen darstellt und demgemäß bei Verschiedenheiten sehr rasch anwächst. Beachtet man dies nicht, so wird es vorkommen, daß der Nullspannungsmesser überhaupt nicht auf Null zurückgeht, so daß man es nicht wagen kann, die Parallelschaltung zu vollziehen.

Die Ausführung eines guten Nullspannungsmessers wird dadurch besonders erschwert, daß alle Wechselstrom-Spannungsmesser eine nahezu quadratische Skalenteilung aufweisen. Die Ablesung ist daher gerade in der Nähe des Nullpunktes, der für

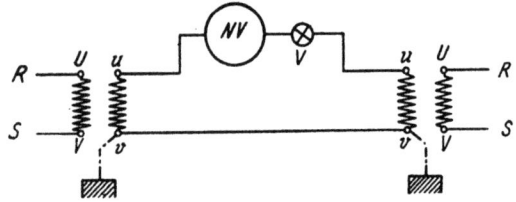

Bild 36. Äußere Schaltung eines Nullspannungsmessers mit Vorschaltlampe.

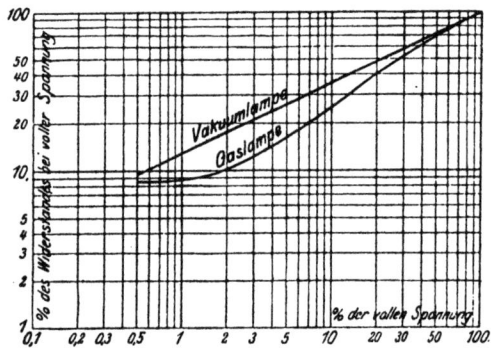

Bild 37. Widerstandsänderung der Vorschaltlampe
als Funktion der Spannung in logarithmischer Darstellung.

Bild 38. Skalenteilung eines Nullspannungsmessers
mit Dreheisen-Meßwerk und Vorschaltlampe. Durch
den veränderlichen Vorwiderstand sind die Skalen-
teile am Anfang sehr weit auseinandergezogen, so
daß eine besonders große Anfangsempfindlichkeit
des Instrumentes erreicht ist. Der Wert eines Skalen-
teiles ist ein Zehntel des Skalenendwertes.

**Tafel 11. Nullspannungsmesser mit
Vorschaltlampe.**

Dunkelschaltung einzig und allein in Frage kommt, besonders ungenau. Man versuchte diesen Nachteil dadurch zu mildern, daß man die Anfangsteilung der Instrumente besonders weit auseinanderzog und den Endausschlag nicht bei der auftretenden Höchstspannung, sondern etwa bei der Hälfte oder einem Drittel der Höchstspannung eintreten ließ. Hierdurch ergab sich aber der Nachteil, daß der Zeiger von der Hälfte bzw. einem Drittel der Spannung bis herauf zur vollen Spannung am oberen Anschlag fest anlag, so daß man die Änderungen der Spannung nicht mehr dauernd verfolgen konnte.

Bei den von Dr. Keinath angegebenen Nullspannungsmessern von S. & H. ist eine besonders weite Anfangsteilung dadurch erreicht, daß an Stelle des üblichen Vorwiderstandes aus Manganin ein solcher aus einem Metall mit hohem Temperaturkoeffizienten verwendet wird. Als veränderlicher Vorwiderstand dient hierbei eine Metalldrahtlampe. Die luftleeren und die gasgefüllten Lampen verhalten sich, wie das Kurvenbild auf Tafel 11 zeigt, etwas verschieden. Bei der luftleeren Drahtlampe nimmt der Widerstand vom kalten bis zum warmen Zustande um etwa den zehnfachen Betrag des Anfangswertes zu. Bei den gasgefüllten Lampen ist die Widerstandszunahme bei der Endtemperatur entsprechend der höheren Temperatur des Glühfadens etwas größer (etwa zwölffach) und andererseits bei kleineren Temperaturen infolge anderer Wärmeabfuhrverhältnisse etwas kleiner. Durch Verwendung einer solchen Lampe als Vorwiderstand wird die Anfangsteilung des Spannungsmessers ganz bedeutend verbessert, und zwar um so mehr, als der Instrumentwiderstand gegen den Lampenwiderstand zu vernachlässigen ist. Bei kleinen Spannungen ist dann der Widerstand der Glühlampe und somit der Vorwiderstand des Spannungsmessers sehr klein, so daß das Instrument einen großen Ausschlag gibt. Bei höheren Spannungen wächst mit der Spannung der Widerstand der Glühlampe; der Vorwiderstand wird also immer größer und somit wächst der Zeigerausschlag nur langsam an. Der Skalenverlauf eines Nullspannungsmessers mit Dreheisen-Meßwerk und gasgefüllter Vorschaltlampe ist aus Bild 38 ersichtlich. Der Wert eines Skalenteils ist hierbei durchweg ein Zehntel des Skalenendwertes. Der für das Parallelschalten maßgebende Nullpunkt der Skala ist durch eine rote Kennmarke besonders hervorgehoben. Dem Vorteil der besonders günstigen

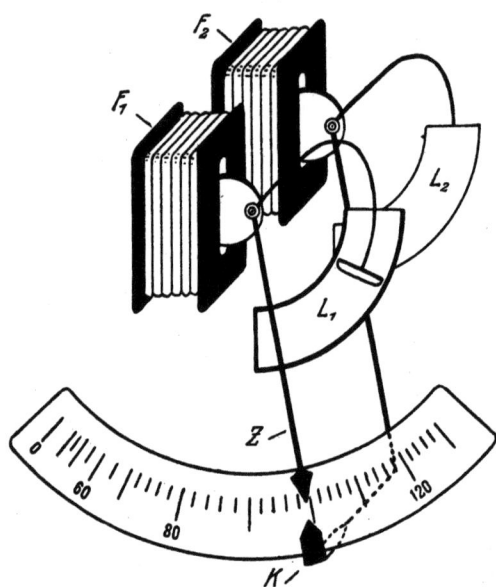

Bild 39. Der Summenspannungsmesser besitzt zwei Dreheisen-Meßwerke, wie sie auf Tafel 8 beschrieben sind. Der Zeiger des hinteren Meßwerkes greift von unten um die Skala herum und ist als Kennmarke ausgebildet. Bei Phasengleichheit muß der Zeiger des vorderen Meßwerkes über dieser Kennmarke einspielen.

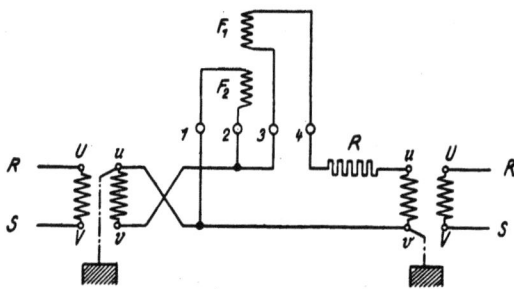

Bild 40. Äußere Schaltung. Das hintere Meßwerk mit der Feldspule F_2 ist unmittelbar an die Netzspannung angeschlossen, während das vordere Meßwerk mit einem Vorwiderstand R an der Summenspannung liegt.

Tafel 12. Meßwerk und Schaltung des Summenspannungsmessers.

Skalenteilung steht indessen gegenüber, daß die Betriebssicherheit des Instrumentes durch den immerhin empfindlichen Faden der Glühlampe verringert wird. Es empfiehlt sich daher, als Kontrolle parallel zum Nullspannungsmesser eine in Hellschaltung liegende Phasenlampe mit Umkehrtransformator anzuschließen (vgl. Bild 10 auf S. 13).

Etwa beschädigte Vorschaltlampen können ohne weiteres gegen neue Lampen ausgewechselt werden. Eine Neueichung des Meßinstruments wird dadurch nicht erforderlich, da der Widerstand von allen Lampen der gleichen Type annähernd der gleiche ist. Die etwa vorkommenden Abweichungen in der Größenordnung von 2% sind für einen Nullspannungsmesser belanglos.

g. Summenspannungsmesser.

Bei der Hellschaltung wird zur Vergrößerung der Meßgenauigkeit ebenfalls ein Spannungsmesser benutzt, der parallel zu den Phasenlampen angeschlossen wird. Da bei der Hellschaltung stets die Summe der Netzspannung und der Maschinenspannung bestimmend ist, wurde für den hierbei verwendeten Spannungsmesser die neue Bezeichnung „Summenspannungsmesser" gewählt. Beim Parallelschalten schwankt der Zeiger des Summenspannungsmessers entsprechend den Schwebungen der Spannungskurve dauernd zwischen Null und einem Höchstwert hin und her und bleibt bei Phasengleichheit für einen Augenblick auf dem Höchstwert stehen. Die Skala des Summenspannungsmessers muß daher in der Nähe des Höchstwertes besonders fein unterteilt sein. Der dem Höchstwert der Spannung entsprechende Meßbereich des Summenspannungsmessers muß je nach der Schaltung für die doppelte Netzspannung, für die doppelte Sternspannung oder für die doppelte Sekundärspannung der Meßwandler ausreichen.

Für die Wirkungsweise des Summenspannungsmessers gelten ähnliche Gesichtspunkte, wie sie bei der Besprechung des Nullspannungsmessers gebracht wurden. Der Summenspannungsmesser zeigt lediglich die Summe der Netzspannung und der Spannung der zuzuschaltenden Maschine an, ganz unabhängig davon, ob ihr Wert durch verschiedene Phase oder verschiedene Größe der beiden verglichenen Spannungen erreicht wurde. Er trennt also ebenfalls nicht die Phasenverschiedenheiten von den

Spannungsverschiedenheiten. Ist die Spannung der zuzuschaltenden Maschine zu hoch, so zeigt der Summenspannungsmesser den für die Parallelschaltung maßgebenden Ausschlag gleich der doppelten Netzspannung schon an, bevor die Phasengleichheit erreicht ist, während andererseits bei zu kleiner Spannung der zuzuschaltenden Maschine der erforderliche Wert überhaupt nicht erreicht wird. Aber eine einfache Überlegung ergibt, daß die Spannungsverschiedenheiten hierbei nicht die Rolle spielen können wie beim Nullspannungsmesser, denn die Summe zweier nahezu gleich großer Größen wird durch eine geringe Änderung eines der beiden Summanden nur unwesentlich beeinflußt. Man kann daher hierbei unter Umständen auf einen besonderen Doppelspannungsmesser verzichten und die Spannung der zuzuschaltenden Maschine lediglich nach dem Höchstausschlag des Summenspannungsmessers einstellen.

Seiner Bauart nach ist der Summenspannungsmesser ein gewöhnlicher Spannungsmesser mit Dreheisen-Meßwerk. Er ist gekennzeichnet durch eine auf dem Werte der doppelten Netzspannung stehende Kennmarke, auf die der Zeiger beim Parallelschalten einspielen muß. Bei der einfachsten Ausführung wird die Kennmarke so angebracht, daß sie von Hand auf den jeweiligen Wert der doppelten Netzspannung eingestellt werden kann. Bei der besseren Ausführung dagegen erfolgt die Einstellung der Kennmarke selbsttätig. Man verwendet hierzu den im vorigen Abschnitt beschriebenen Doppelspannungsmesser (vgl. Tafel 12). Das hintere Meßwerk, dessen Zeiger als bewegliche Kennmarke ausgeführt ist, wird unmittelbar an die Netzspannung bzw. an die Sekundärseite des an der Netzspannung liegenden Spannungswandlers angeschlossen. Die Kennmarke wird dann stets auf den jeweiligen Wert der Netzspannung einspielen. Das vordere Meßwerk, das als Summenspannungsmesser geschaltet wird, erhält einen äußeren Vorwiderstand, durch den der Meßbereich verdoppelt wird. Der Zeiger dieses Meßwerkes steht dann bei der doppelten Netzspannung direkt über der beweglichen Kennmarke.

h. Synchronoskop mit schwingendem Zeiger.

Während die Null- und Summenspannungsmesser lediglich die Differenz bzw. die Summe der parallel zu schaltenden Spannungen anzeigen, ganz gleichgültig, ob diese durch verschiedene Größe

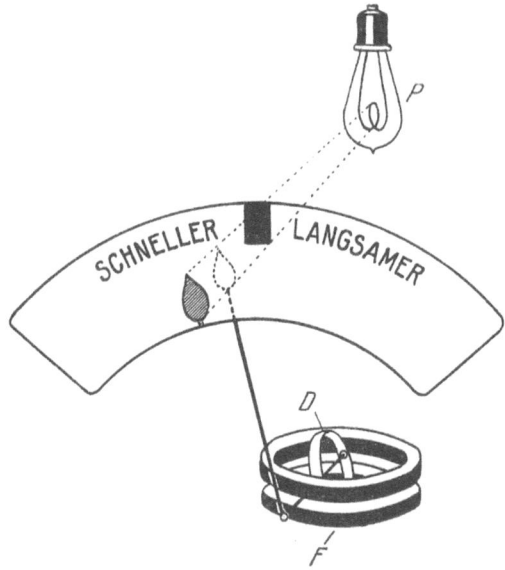

Bild 41. Das Meßwerk ist ein nach elektrodynamischem Prinzip gebauter Phasenmesser und besteht demnach aus einer feststehenden Feldspule F und der Drehspule D. Der hinter der Transparentscheibe befindliche Zeiger wird durch die Phasenlampe beleuchtet, so daß auf der Skala sein Schattenbild entsteht.

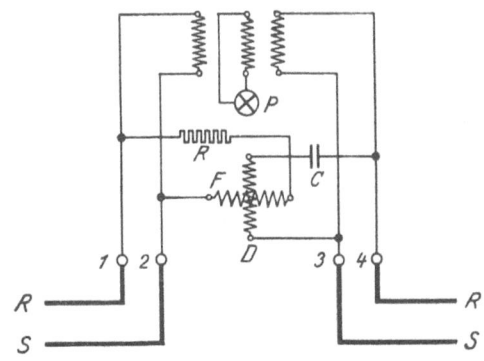

Bild 42. Schaltung des Synchronoskops (vgl. S. 40).

Tafel 13. Weston-Synchronoskop mit schwingendem Zeiger.

oder verschiedene Phase der Einzelspannungen entstanden ist, zeigt das von der Weston-Instrument-Company gebaute Synchronoskop unmittelbar die Phasendifferenz der beiden zu vergleichenden Spannungen an. Durch den Bewegungssinn des hin und her schwingenden Zeigers gibt das Synchronoskop gleichzeitig an, in welchem Sinne die parallel zu schaltende Maschine geregelt werden muß, um den Synchronismus zu erreichen.

Das Meßwerk des Synchronoskops ist ein nach elektrodynamischem Prinzip gebauter Phasenmesser. Es besteht demnach aus einer feststehenden und einer drehbaren Spule. Die feste Spule ist, wie das Schaltbild auf Tafel 13 zeigt, über einen Vorwiderstand R mit dem Netz verbunden, während die bewegliche Spule in Reihe mit einem Kondensator C an der zuzuschaltenden Maschine liegt. Der Zeiger des Meßinstrumentes ist hinter einer Milchglasscheibe angebracht, die von hinten durch eine in Hellschaltung liegende Phasenlampe beleuchtet wird. Der Zeiger ist demnach nur dann sichtbar, wenn die Phasenlampe brennt und verschwindet mit dem Verlöschen der Lampe. Um unmittelbare Verbindungen zwischen dem Netz und der zuzuschaltenden Maschine zu vermeiden, ist die Phasenlampe nicht direkt angeschlossen, sondern liegt an der Sekundärwickelung eines dreischenkeligen Transformators, der einerseits vom Netz und andererseits von der zuzuschaltenden Maschine erregt wird. Die in der Sekundärwickelung erzeugte Spannung ist demnach ebenso wie bei der direkten Schaltung der Phasenlampe die Resultierende der beiden Einzelspannungen. Durch die Zwischenschaltung des Transformators ergibt sich außerdem noch die Möglichkeit, durch Änderung der Übersetzung die Lampenspannung beliebig herabzusetzen, so daß man die besonders haltbaren Niederspannungslampen benutzen kann.

Die Wirkungsweise der Vorrichtung ergibt sich aus den Diagrammbildern auf S. 41. Der Strom in der festen Spule des Meßinstrumentes ist in Phase mit der Netzspannung E, da im Stromkreis der festen Spule lediglich der Ohmsche Widerstand R liegt. Der Strom J' in der beweglichen Spule dagegen wird durch den Kondensator C um eine Viertelperiode nach vorn verschoben; er eilt daher stets um 90° vor der Spannung E' der zuzuschaltenden Maschine voraus. Im ersten Diagrammbild ist die Spannung E' um einen Winkel $\varphi = 270°$ vor der Netzspannung

41

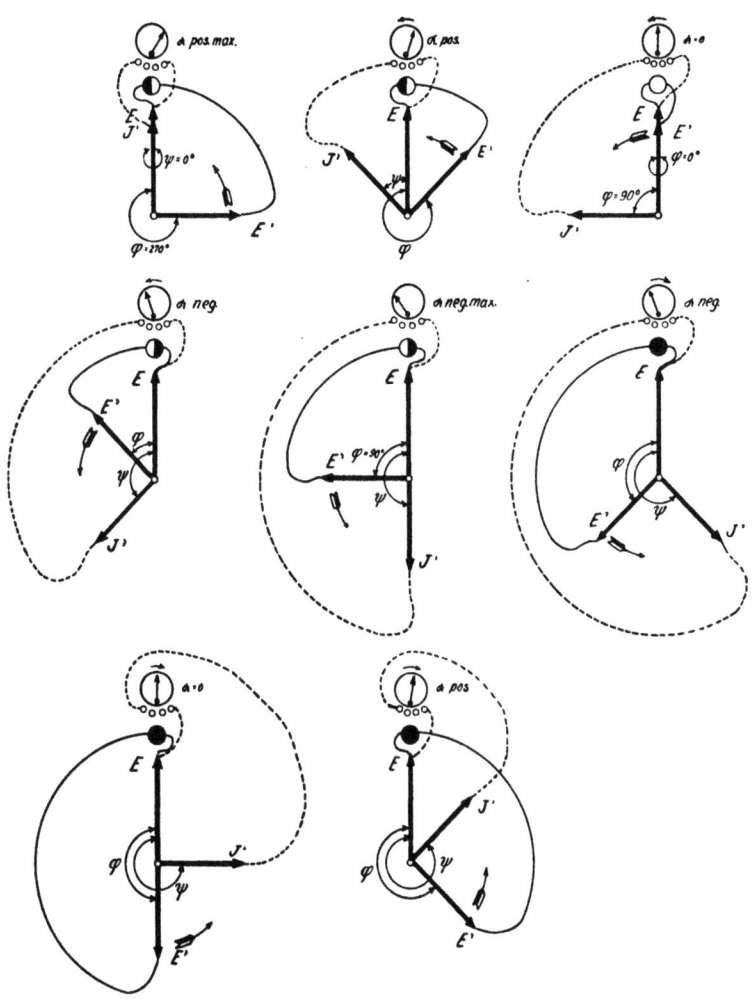

Bild 43 bis 50.

Es bedeutet:
- ● = Phasenlampe ist dunkel,
- ◐ = zunehmende Lichtstärke,
- ○ = volle Lichtstärke,
- ◑ = abnehmende Lichtstärke.

Tafel 14. Graphische Darstellung der Arbeitsweise des Weston-Synchronoskops.

E vorausgeeilt. Der Strom J' in der beweglichen Spule des Meßwerks ist daher um weitere $90°$ nach vorn verschoben, so daß er in Phase mit der Netzspannung E liegt. Die Ströme in der festen und beweglichen Spule sind daher in Phase und üben das größtmögliche Drehmoment auf das Meßorgan aus, das seinen höchsten positiven Ausschlag gibt. Die Phasenlampe liegt hierbei an den Spannungen E und E', die gegeneinander ebenfalls um $90°$ verschoben sind, und gibt bei dieser Spannung gerade noch so viel Licht, daß der Zeiger durch die Milchglasscheibe hindurch sichtbar wird. Im folgenden Bild ist die Spannung E' noch weiter vorgeeilt, die Ströme in der festen und beweglichen Spule des Meßwerks sind daher nicht mehr in Phase; der Zeigerausschlag ist kleiner geworden, die Phasenlampe dagegen brennt etwas heller, da die Phasenverschiebung der Spannungen E und E' kleiner geworden ist. Im dritten Bild ist die Spannung E' in Phase mit der Netzspannung E. Die Ströme in den Instrumentspulen sind um $90°$ verschoben, der Zeigerausschlag ist demnach Null, d. h. der Zeiger steht in der Mitte der Skala. Die Phasenlampe liegt an den beiden jetzt in Phase befindlichen Spannungen E und E'; sie leuchtet demgemäß mit ihrer größten Helligkeit auf. Im vierten Bild ist der Zeigerausschlag des Instrumentes negativ geworden, und die Helligkeit der Phasenlampe hat etwas abgenommen. Im fünften Bild steht der Zeiger des Instrumentes in seiner negativen Endstellung und die Phasenlampe brennt nur noch schwach. Im sechsten Bild bewegt sich der Zeiger wieder zurück über die Skala, die Phasenlampe ist verloschen, der Zeiger ist also nicht mehr sichtbar. Im siebenten und achten Bild endlich geht der Zeiger durch Null hindurch nach dem positiven Endwert der Skala hinüber, ist aber auf diesem ganzen Wege nicht sichtbar, da die Phasenlampe verloschen ist. Der Zeiger ist demnach nur auf dem Wege von rechts nach links auf der Skala sichtbar gewesen und zeigt damit an, daß die zuzuschaltende Maschine schneller läuft, als es der synchronen Drehzahl entspricht. Würde die zuzuschaltende Maschine langsamer laufen, so würde sich das Spiel umkehren, d. h. der Zeiger würde nur auf dem Wege von links nach rechts sichtbar sein. Bei Synchronismus endlich bleibt der Zeiger in der im dritten Diagrammbild dargestellten Weise mitten in der vollbeleuchteten Skala stehen. Das Weston-Synchronoskop hat den Vorteil, daß seine Angaben innerhalb weiter Grenzen von der Frequenz und der Größe der Spannungen unabhängig sind. Gegenüber den Apparaten mit umlaufendem Zeiger hat es jedoch den Nachteil, daß es die Änderungen der Phasenverschiebung nur während eines Teiles der ganzen Periode anzeigt.

Der Eigenverbrauch des Synchronoskops einschließlich der Lampe beträgt bei 110 Volt nur etwa 15 Voltampere von jeder Maschine. Der Apparat ist ohne weiteres für Ein- und Mehrphasenmaschinen zu gebrauchen, da auch bei Mehrphasenmaschinen die Schaltung meistens einphasig ausgeführt wird. Für höhere Spannungen als 110 Volt kann das Synchronoskop wegen des dazugehörigen Spezialtransformators nicht eingerichtet werden und ist daher für höhere Spannungen stets mit Spannungswandlern zu benutzen.

i. Synchronoskope mit umlaufendem Zeiger.

Die Synchronoskope mit umlaufendem Zeiger sind zum Parallelschalten von Drehstrom-Maschinen bestimmt. Je nachdem, ob die Drehzahl der zuzuschaltenden Maschine zu hoch oder zu niedrig ist, läuft der Zeiger in dem einen oder anderen Drehsinn dauernd im Kreise herum und zeigt auf diese Weise an, in welchem Sinne die zuzuschaltende Maschine zu regeln ist. Bei Phasengleichheit bleibt der Zeiger in der durch eine Kennmarke besonders hervorgehobenen senkrechten Stellung stehen. Da diese Apparate die Bewegungsvorgänge der parallel zu schaltenden Maschine genau wiedergeben, gestatten sie ein sehr sicheres Parallelschalten. Man kann es mit ihnen ohne weiteres erreichen, daß die zuzuschaltende Maschine sofort nach dem Parallelschalten Last aufnimmt, indem man nur dann einschaltet, wenn der Zeiger des Apparates in der Richtung „Zu schnell" die der Phasengleichheit entsprechende Marke passiert. Da die Wirkungsweise der Apparate nur von den Phasenverhältnissen abhängt, werden sie von etwaigen Spannungsverschiedenheiten nicht beeinflußt.

Die Anordnung des von S. & H. hergestellten Synchronoskops ist auf Tafel 15 dargestellt. Der Apparat besteht aus einem feststehenden, aus Eisenblechen aufgebauten Ständer P mit zwei bewickelten Polen und einem zwischen diesen Polen drehbar angeordneten Läufer A mit einer normalen Drehstromwickelung. Die Ständerwickelung wird einphasig an die Spannung der zuzu-

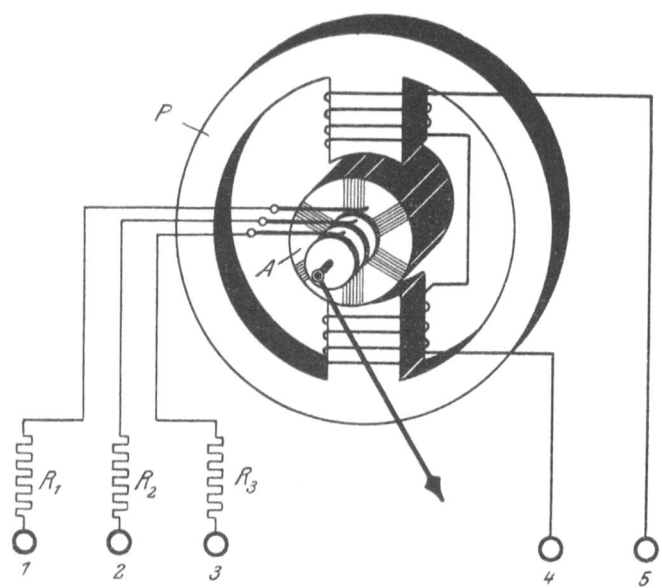

Bild 51. Der zweipolige Ständer P trägt eine Einphasenwickelung, während der Läufer A dreiphasig gewickelt ist. Infolge der Wechselwirkung zwischen dem Drehfeld des Läufers und dem Einphasenfeld des Ständers dreht sich der Läufer bei Frequenzverschiedenheit je nach dem Sinne der Verschiedenheit dauernd in der einen oder anderen Richtung. Bei Frequenzgleichheit bleibt der Läufer in einer der jeweiligen Phasenverschiebung entsprechenden Stellung stehen. Bei Phasengleichheit spielt der Zeiger über einer Kennmarke ein.

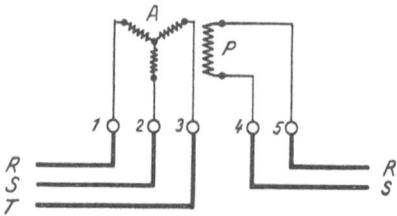

Bild 52. Äußere Schaltung. Die dreiphasige Läuferwickelung A wird stets an die bereits laufende Maschine angeschlossen, während die einphasige Ständerwickelung P an der zuzuschaltenden Maschine liegt.

Tafel 15. Siemens-Synchronoskop mit umlaufendem Zeiger.

schaltenden Maschine angelegt, während die Läuferwickelung dreiphasig an das Netz bzw. die bereits laufende Maschine angeschlossen wird. Im Ständer entsteht dann ein einphasiges Wechselfeld, das mit der Frequenz der zuzuschaltenden Maschine zwischen den feststehenden Polen des Ständers hin und her schwingt, während im Läufer ein Drehfeld erzeugt wird, das mit der Netzfrequenz umläuft. Die Wirkungsweise des Apparates beruht auf der Wechselwirkung zwischen diesen beiden Feldern. Der Läufer wird sich stets so einstellen, daß der Vektor seines Drehfeldes in dem Augenblick in die Richtung des Wechselfeldes fällt, in dem dieses seinen Höchstwert erreicht. Ist die Frequenz im Läufer etwas kleiner als die des Ständers, so wird der Vektor des Drehfeldes die der Richtung des Wechselfeldes entsprechende Stellung noch nicht ganz erreicht haben, wenn das Wechselfeld durch seinen Höchstwert hindurchgeht. Der Läufer wird sich daher um einen diesem Betrag entsprechenden Winkel nach vorwärts drehen. Beim nächsten Umlauf des Drehfeldes wird sich der Phasenunterschied noch weiter vergrößern, d. h. der Läufer wird sich noch weiter nach vorwärts drehen usf. Der Läufer wird also hierbei dauernd in einem bestimmten Sinne umlaufen. Ist die Frequenz im Läufer größer wie die im Ständer, so kehrt sich der Vorgang um, so daß der Läufer in entgegengesetztem Sinne umläuft. Bei Frequenzgleichheit bleibt der Läufer in einer bestimmten Stellung stehen, die der beim Eintritt der Frequenzgleichheit gerade vorhandenen Phasenverschiebung zwischen Ständerstrom und Läuferstrom entspricht. Wird diese Phasenverschiebung gleich Null, d. h. tritt zu der Frequenzgleichheit auch noch die Phasengleichheit, so spielt der am Läufer angebrachte Zeiger auf einer bestimmten Marke der Skala ein.

Nach dem Vorstehenden läuft der Zeiger des Synchronoskops dauernd in dem einen oder anderen Sinne um, solange noch ein Frequenzunterschied zwischen dem Netz und der zuzuschaltenden Maschine besteht. Die Umlaufgeschwindigkeit des Zeigers hängt hierbei von der Größe des Frequenzunterschiedes ab. Wird dieser sehr groß, so wird der Zeiger so rasch umlaufen, daß eine sichere Ablesung nicht mehr möglich ist. Bei sehr großen Frequenzunterschieden kann es unter Umständen sogar vorkommen, daß der Zeiger infolge sekundärer Erscheinungen in verkehrtem Sinne umläuft. Um in jedem Falle eine sichere Ablesung zu bekommen,

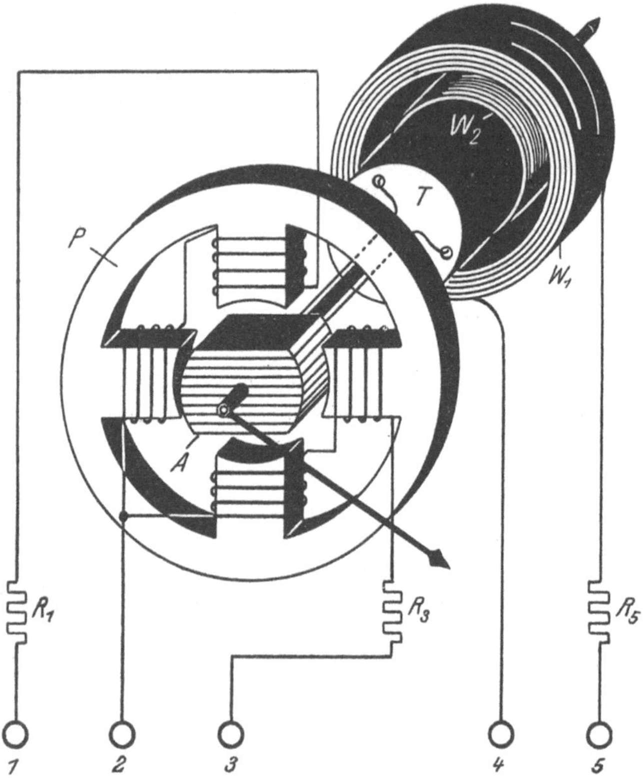

Bild 53. Das Charakteristische dieser Bauform ist die Art der Stromzuführung zum Läufer, die nicht in der sonst üblichen Weise durch Schleifringe und Bürsten, sondern induktiv erfolgt. Zu diesem Zwecke ist auf der verlängerten Achse des Läufers A eine mit dem Läufer umlaufende Sekundärwickelung W_2 eines Transformators angebracht (vgl. S. 47).

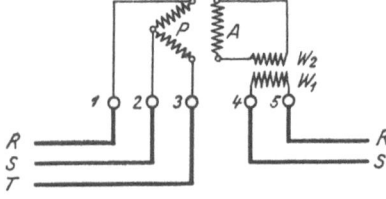

Bild 54. Die Ständerwickelung P wird stets an die laufende Maschine angeschlossen, während der Läufer A über den Transformator $W_1 W_2$ an der zuzuschaltenden Maschine liegt.

Tafel 16. Synchronoskop von Hartmann & Braun.

soll das Synchronoskop stets erst dann eingeschaltet werden, wenn die Frequenz der zuzuschaltenden Maschine auf etwa 5% richtig eingestellt ist. Man benutzt für diese Grobeinstellung der Frequenz meist einen Doppelfrequenzmesser. Dieser bietet gleichzeitig noch den Vorteil, daß er auch bei größeren Frequenzunterschieden den Regelsinn der zuzuschaltenden Maschine angibt. Verzichtet man auf diesen Vorteil, so kann man gegebenenfalls auch mit den Phasenlampen auskommen, da der Zeiger des Synchronoskops im selben Rhythmus umläuft wie die Phasenlampen aufleuchten und verlöschen. Man wird das Synchronoskop hierbei erst dann einschalten, wenn die Lampen so langsam aufleuchten, daß man mit dem Auge bequem folgen kann. Der Eigenverbrauch des Synchronoskops ist sehr gering. Er beträgt z. B. bei 110 Volt in der Wechselstromwickelung etwa 0,1 Ampere und in der Drehstromwickelung etwa 0,18 Ampere. Infolge dieses geringen Stromverbrauchs ist es ohne weiteres zulässig, das Synchronoskop zusammen mit den Spannungsmessern an die gleichen Spannungswandler anzuschließen.

Bei dem von der Firma Hartmann & Braun gebauten Synchronoskop ist der Ständer P vierpolig ausgeführt und an zwei Phasen des Drehstromes angeschlossen, wie Tafel 16 zeigt. Der Läufer A trägt eine einphasige Wickelung. Diese wird jedoch nicht, wie sonst üblich, durch Schleifringe und Bürsten, sondern induktiv gespeist. Hierzu dient ein besonderer Hilfstransformator. Die mit der Läuferwickelung verbundene Sekundärwickelung W_2 ist auf der Trommel T angebracht, die ihrerseits auf der verlängerten Achse des Läufers sitzt und daher mit ihm umläuft. Die Primärwickelung W_1 des Transformators ist feststehend angeordnet. Bei der tatsächlichen Ausführung des Apparates sind die Wickelungen in Eisen eingebettet, so daß eine günstige Transformatorwirkung erzielt wird. Durch die bei der Drehung mitgeführte Sekundärwickelung des Transformators wird jedoch in jedem Falle das Gewicht des beweglichen Organs erheblich vergrößert, so daß hierdurch der Vorteil der bürstenlosen Anordnung zum großen Teil wieder aufgehoben wird.

k. Allgemeines über die Auswahl der Meßgeräte.

Die Doppelfrequenzmesser und die Doppelspannungsmesser werden bei allen Schaltungen in gleicher Weise angewendet, ganz

Bild 55. Meßeinrichtung mit Doppelfrequenzmesser, Summenspannungsmesser und einer in ein Gehäuse mit Transparentscheibe eingebauten Phasenlampe.

Bild 56. Meßeinrichtung mit Doppelfrequenzmesser, Summenspannungsmesser und Lampenapparat.

Tafel 17. Instrumentsätze für Hellschaltung.

Auswahl der Meßgeräte. 49

unabhängig davon, ob man sich für Hell- oder Dunkelschaltung entschieden hat (vgl. S. 16). In vielen Fällen wird man jedoch vor der Frage stehen, ob es richtiger ist, einen Null- bzw. Summenspannungsmesser oder ein Synchronoskop, einfache Phasenlampen oder einen Lampenapparat zu benutzen. Um die richtige Auswahl zu erleichtern, sollen daher im nachstehenden die grundsätzlichen Unterschiede dieser verschiedenen Meßgeräte noch einmal kurz gegenübergestellt werden.

Die Null- und Summenspannungsmesser zeigen nicht unmittelbar die Größe an, die man mit ihnen messen will. Man will die Phasenverschiedenheiten messen, die Instrumente zeigen aber lediglich eine Spannungsdifferenz bzw. die Summe der parallelzuschaltenden Spannungen an, ganz unabhängig davon, ob diese Werte durch verschiedene Größe oder verschiedene Phase der Einzelspannungen entstanden sind. Wie wir auf S. 3 gesehen haben, verursachen Spannungsdifferenzen, die durch Größenverschiedenheiten der beiden Spannungen hervorgerufen werden, lediglich wattlose Ausgleichströme, die zwar Spannungsschwankungen verursachen können, aber sonst auf die Maschinen mechanisch keine wesentliche Rückwirkung ausüben. Dagegen üben die durch Phasenverschiedenheiten der Spannungen entstehenden Ausgleichströme eine sehr kräftige mechanische Rückwirkung auf die parallelzuschaltenden Maschinen aus, durch die die Maschinen und ihre Wickelungen sehr stark beansprucht werden. Um Stöße beim Parallelschalten zu vermeiden, muß man daher in erster Linie die durch Phasenverschiedenheiten entstehenden Ausgleichströme möglichst klein halten. Da die Null- und die Summenspannungsmesser allein es nicht gestatten, die schädlichen Spannungen bzw. Ausgleichströme von den unschädlichen zu unterscheiden, muß man bei ihrer Verwendung stets noch einen Doppelspannungsmesser genau beobachten und sich überzeugen, daß die beiden zu vergleichenden Spannungen genau die gleiche Größe haben.

Die Synchronoskope bieten demgegenüber den wesentlichen Vorteil, daß sie unabhängig von der Größe der Spannungen die zu messende Phasenverschiedenheit anzeigen. Wenn man mit einem Synchronoskop parallelschaltet, ist man daher stets sicher, daß man keine schädlichen Ausgleichströme bekommt, die die Maschinen ungünstig beanspruchen. Das Entstehen der Ausgleich-

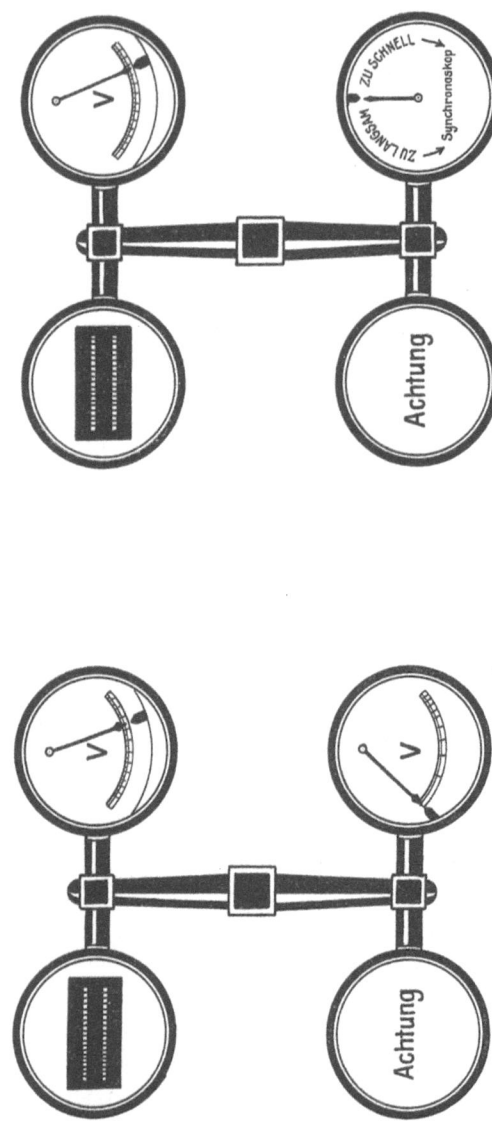

Bild 57. Meßeinrichtung mit Doppelfrequenzmesser, Doppelspannungsmesser, Nullspannungsmesser und einer an einen Umkehrtransformator angeschlossenen Phasenlampe.

Bild 58. Meßeinrichtung mit Doppelfrequenzmesser, Doppelspannungsmesser, Synchronoskop und einer an einen Umkehrtransformator angeschlossenen Phasenlampe.

Tafel 18. Instrumentsätze für gemischte Schaltung.

ströme an sich wird allerdings bei dem Parallelschalten mit dem Synchronoskop nicht verhindert, sondern es werden nur die schädlichen Ausgleichströme vermieden. Die wattlosen, durch verschiedene Größe der zu vergleichenden Spannungen entstehenden Ausgleichströme können jedoch durch einfaches Einstellen der Spannung nach den Angaben des Doppelspannungsmessers so klein gehalten werden, daß eine unnötige Beanspruchung der Schalterkontakte in jedem Falle vermieden wird. Die Synchronoskope werden daher namentlich bei schwierigeren Betrieben, bei denen sich absolute Spannungsgleichheit nur schwer erreichen läßt, ein sicheres und gefahrloses Parallelschalten ermöglichen. Sie bieten außerdem den Vorteil, daß durch den Drehsinn des Zeigers ohne weiteres der Sinn der erforderlichen Regelung der Drehzahl angegeben wird, und daß man es durch Beachtung des Drehsinns stets erreichen kann, daß die zugeschaltete Maschine sofort als Generator Last aufnimmt.

Die Phasenlampen bzw. die Lampenapparate werden bei allen Schaltungen nur als ergänzende Meßmittel zu anderen genaueren Synchronisiermeßgeräten benutzt. Durch sie wird die Betriebssicherheit der Parallelschalteinrichtung wesentlich erhöht, da sie durch ihr Aufleuchten bzw. Verlöschen dem Maschinisten anzeigen, daß die Einrichtung ordnungsgemäß arbeitet. In den meisten Fällen werden die einfachen Phasenlampen in Gehäusen, wie sie auf S. 27 beschrieben sind, benutzt. Der Lampenapparat wird nur noch in kleineren Kraftwerken, und auch da verhältnismäßig selten, angewendet. Er dient dann lediglich als Signalgeber für die Regelung der Drehzahl der zuzuschaltenden Maschine und bietet hierbei den Vorteil, daß er auf größere Entfernungen ablesbar ist. Er ersetzt daher in vielen Fällen eine besondere Befehlsübertragung zwischen Schaltbühne und Maschine.

l. Vollständige Instrumentensätze.

Die zur Parallelschalteinrichtung gehörigen Meßinstrumente werden zweckmäßig auf einem Wandarm oder einer Säule zu einem einheitlichen Ganzen vereinigt. Diese Anordnung bietet gegenüber dem Einbau der Instrumente in die Schalttafel den wesentlichen Vorzug, daß die Parallelschalteinrichtung als ein für alle Maschinensätze gemeinsam geltendes Meßgerät aus der Schaltwand hervortritt und daher von allen Seiten sichtbar ist.

Auf den Tafeln 17 und 18 sind einige solcher Zusammenstellungen, wie sie von S. & H. ausgeführt werden, schematisch dargestellt.

Bild 55 zeigt einen Instrumentsatz für Hellschaltung mit Doppelfrequenzmesser, Summenspannungsmesser und Phasenlampe. Der Summenspannungsmesser wird hierbei nach Schaltbild 8 an einen Umschalter angeschlossen, so daß er auch als Doppelspannungsmesser benutzt werden kann. Die Phasenlampe ist so geschaltet, daß sie nur dann arbeitet, wenn das Instrument als Summenspannungsmesser geschaltet ist. Sie ist in ein Gehäuse mit Transparentscheibe eingebaut. Beim Aufleuchten der Phasenlampe erscheint das Signal „Achtung" und macht den Maschinenwärter darauf aufmerksam, daß der Augenblick des Parallelschaltens nahe ist.

Bild 56 zeigt ebenfalls einen Instrumentsatz für Hellschaltung, jedoch ist hierbei an Stelle der einfachen Phasenlampe ein Lampenapparat benutzt, der durch den Drehsinn des Lichtscheins angibt, in welchem Sinne die zuzuschaltende Maschine geregelt werden muß. Diese Anordnung kommt jedoch, wie bereits im vorigen Abschnitt gesagt wurde, nur noch für kleinere Anlagen in Frage, bei denen eine besondere Befehlsübertragung zwischen Schaltbrett und Maschine gespart werden soll.

Bild 57 zeigt einen Instrumentsatz für gemischte Schaltung mit Doppelfrequenzmesser, Doppelspannungsmesser, Nullspannungsmesser und Phasenlampe. Der Nullspannungsmesser liegt hierbei in der normalen Dunkelschaltung, während die an einen Umkehrtransformator angeschlossene Phasenlampe in Hellschaltung arbeitet (vgl. S. 37). Die Phasenlampe ist hierbei wieder in ein Gehäuse mit Transparentscheibe eingebaut und gibt durch ihr Aufleuchten das Achtungssignal zum Parallelschalten. Bei der reinen Dunkelschaltung ist der Instrumentsatz im wesentlichen der gleiche, jedoch liegt dann auch die Phasenlampe in Dunkelschaltung. Die Transparentscheibe des Lampengehäuses wird dann so ausgeführt, daß anstelle des Achtungssignals ein Warnungssignal erscheint (vgl. S. 27).

Bild 58 zeigt ebenfalls eine gemischte Schaltung, jedoch ist an Stelle des Nullspannungsmessers ein Synchronoskop verwendet, das durch den Drehsinn des umlaufenden Zeigers ohne weiteres den Regelsinn für die zuzuschaltende Maschine angibt. Bei Phasengleichheit bleibt der Zeiger des Synchronoskops auf der oberen Kennmarke stehen. Die Phasenlampe dient hierbei wieder zur Kontrolle für das richtige Arbeiten des Synchronoskops und gibt das Achtungssignal zum Parallelschalten. Diese Anordnung ist als die vollkommenste Einrichtung für Kraftwerke mit schwierigen Betriebsverhältnissen anzusehen.

m. Hilfsapparate.

Die Verbindungen der Maschinen bzw. der Sammelschienen mit den zur Parallelschaltung erforderlichen Meßinstrumenten werden bei den Siemens-Schuckertwerken durch besondere Stöpselschalter hergestellt. Diese bieten gegenüber anderen Schaltern die Vorteile, daß sie einesteils bei Verwendung verschieden ausgebildeter Stecker ganz bestimmte Schaltungen zwangläufig festlegen, anderenteils aber die Möglichkeit falscher Schaltungen durch Verwendung einer beschränkten Anzahl Stecker ausschließen.

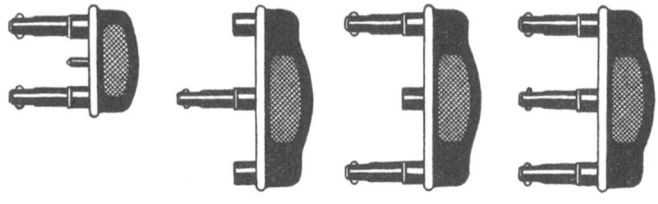

Bild 59 bis 62.

Die Stöpselschalter bestehen aus einer in die Schalttafel eingebauten Steckeinrichtung und einem oder zwei für die ganze Anlage dienenden Steckern. Die Steckeinrichtungen selbst sind je nach der Schaltung zwei- oder dreipolig ausgeführt, während die Stecker einpolig, zweipolig und dreipolig hergestellt werden. Die zweipoligen Stecker werden außerdem mit großem und mit kleinem Abstande der Kontaktstifte ausgeführt. Um bei dreipoligen Steckeinrichtungen ein falsches Einstecken der zweipoligen kurzen Stecker zu vermeiden, erhalten sie einen besonderen, zwischen den beiden Kontakten angeordneten Sperrstift, der in eine an der entsprechenden Stelle der Steckeinrichtung angebrachte Öffnung eingreift. Die Einführungsöffnung für diesen Stift ist in den Schaltbildern durch einen kleinen Kreis dargestellt.

Steckvorrichtung für		Stecker für			Passend für
jede Maschine	Sammelschienen	laufende Maschine	zuschaltende Maschine	Sammel-schienen	Schaltung Nr.
() ()			● ●		1–4; 6–10 13—16
() ()	() ()		● ●		26—28
() () ()			● ● ●		12
		● ● ●	●		23
() () ()	() () ()		● ● ●		29; 30
() () () () () ()		● ● ●	●		24; 25
() () () ()	() () () () () ()		● ●	● ●	5; 11
			● ●	● ● ●	17
() ○ () ()		● ● ●	● ●		18; 20—22
() () ○ ○ () () () ()		● ● ●	● ●		19

Tafel 19. Steckvorrichtungen und Stecker.

Hilfsapparate.

Um einen leichten Überblick über die erforderlichen Stöpselschalter zu bekommen, sind in der Tabelle auf S. 54 die für die verschiedenen Schaltungen nötigen Steckvorrichtungen und Stecker zusammengestellt.

Die Hauptschalter, durch die die Maschinen beim Parallelschalten an die Sammelschienen angeschlossen werden, werden meistens als Ölschalter mit Schutzwiderstand ausgeführt. Diese sog. Schutzschalter haben neben den Hauptkontaktfedern besondere isolierte Vorkontakte, an die ein Schutzwiderstand angeschlossen ist. Beim Einlegen des Kontaktmessers wird hierbei der Stromschluß zunächst über den Schutzwiderstand hergestellt. Bei der Weiterbewegung des Kontaktmessers in seine Betriebsstellung wird der Schutzwiderstand kurzgeschlossen. Die Schutzschalter bieten beim Parallelschalten den wesentlichen Vorteil, daß die bei schlechtem Parallelschalten auftretenden Stromstöße und Spannungswellen so gemildert werden, daß eine unzulässige Beanspruchung der Maschinen vermieden wird. Auf diese Weise ist eine gewisse Gewähr dafür gegeben, daß auch bei schlechter Bedienung der Parallelschalteinrichtung keine Beschädigung der Anlage eintreten kann.

IV. Vollständige Schaltungen.

1. Allgemeines über die Auswahl einer passenden Schaltung.

Bei der Ausführung der Parallelschalteinrichtungen hat man zwischen drei Möglichkeiten zu unterscheiden. Entweder führt man die Phasenvergleichung zwischen Generator und Sammelschienen, oder zwischen Generator und Generator, oder endlich an den Schaltkontakten der Hauptschalter aus.

Die einfachsten Schaltungen ergeben sich bei der Phasenvergleichung zwischen Generator und Sammelschienen. Man wird diese Art der Schaltung stets dann mit Erfolg benutzen, wenn man Anlagen mit nicht allzu hoher Spannung zu schalten hat. Für Spannungen bis 250 Volt werden die Schaltungen direkt oder besser halbindirekt ausgeführt, während man für höhere Spannungen die indirekte Schaltung mit Spannungswandlern benutzt. Um bei Mehrfachsammelschienen ein Schalten auf falsche Sammelschienen zu vermeiden, sind bei diesen Schaltungen besondere Hilfskontakte an den Trennschaltern erforderlich, die die zugehörige Parallelschalteinrichtung zwangläufig ein- und ausschalten. Gleichzeitig werden durch diese Hilfskontakte auch Signallampen eingeschaltet, die ohne weiteres anzeigen, welcher Trennschalter geschlossen ist. Zum Parallelschalten der verschiedenen Sammelschienensysteme sind hierbei keine besonderen Einrichtungen erforderlich, da man die Parallelschaltung durch unmittelbares Vergleichen der an die verschiedenen Sammelschienen angeschlossenen Generatoren ausführen kann.

Liegen zwischen den Generatoren und den Sammelschienen Transformatoren, die die Generatorspannung auf eine wesentlich höhere Sammelschienenspannung hinauftransformieren, so wird die Phasenvergleichung zwischen Generator und Sammelschienen ungünstig, da die erforderlichen Spannungswandler für die hohe Sammelschienenspannung zu teuer werden und erheblichen Raum beanspruchen. Man führt daher in diesem Falle die Phasenvergleichung zwischen Generator und Generator aus. Hierbei hat man gegenüber der vorher beschriebenen Schaltweise den Vorteil, daß alle Spannungswandler nur für die verhältnismäßig niedrige Generatorspannung zu bemessen sind und daher klein und billig werden. Allerdings ist hierbei Voraussetzung, daß

Auswahl einer passenden Schaltung. 57

die Innenschaltung der zu den einzelnen Generatoren gehörigen Hochspannungstransformatoren bei allen Transformatoren gleichartig ausgeführt ist, so daß bei Phasengleichheit auf der Unterspannungsseite auch die entsprechenden Oberspannungsseiten phasengleich sind. Sollen etwaige von anderen Kraftwerken kommende Speiseleitungen unmittelbar zu den auf der Oberspannungsseite liegenden Sammelschienen parallel geschaltet werden, so kann dies nur durch Phasenvergleichung der Oberspannungsseite der Speiseleitungen mit der Unterspannungsseite des Kraftwerkes erfolgen. Da die wohl unter sich phasengleichen Generatoren infolge der Zwischenschaltung der Hochspannungstransformatoren aber nicht mit den Sammelschienen phasengleich zu sein brauchen, müssen die zum Synchronisieren der Speiseleitungen benutzten Spannungswandler eine etwaige zwischen der Unter- und Oberspannungsseite bestehende, durch die Schaltung der Transformatoren bedingte Phasenverschiebung berücksichtigen (vgl. S. 106). Sie müssen so geschaltet sein, daß ihre Sekundärspannung bei Synchronismus auf der Oberspannungsseite mit der Generatorspannung phasengleich ist. Hierauf ist bei der erstmaligen Inbetriebsetzung derartiger Anlagen besonders zu achten. Für die normale Betriebsführung werden jedoch hierdurch keinerlei Schwierigkeiten verursacht. Bei Anlagen mit Mehrfachsammelschienen werden in der gleichen Weise wie bei der Phasenvergleichung zwischen Generator und Sammelschienen besondere Hilfskontakte an den Trennschaltern benutzt, die die zugehörige Parallelschalteinrichtung nebst Signallampe zwangläufig ein- und ausschalten. Zum Parallelschalten der verschiedenen Sammelschienensysteme sind auch hierbei keine besonderen Einrichtungen erforderlich, da man die Parallelschaltung wieder durch unmittelbares Vergleichen der an die verschiedenen Sammelschienen angeschlossenen Generatoren ausführen kann.

Die Phasenvergleichung an den Schalterkontakten ist besonders für Anlagen mit Mehrfachsammelschienen vorteilhaft. Sie vermeidet alle Unsicherheiten, die durch die vielfachen Schaltmöglichkeiten entstehen, dadurch, daß die Phasenvergleichung unmittelbar an dem die Parallelschaltung vollziehenden Maschinenschalter, also vor den Abzweigungen nach den einzelnen Sammelschienensystemen, erfolgt. Sind die Spannungen an diesem Schalter phasengleich, so kann die Parallelschaltung ganz unabhängig von der jeweiligen Schaltung der Sammelschienen erfolgen. Zum Parallelschalten der verschiedenen Sammelschienensysteme ist hierbei eine besondere Einrichtung erforderlich, die in gleicher Weise wie die Parallelschalteinrichtungen der einzelnen Maschinen ausgeführt wird. Dem Vorteil der großen Einfachheit dieser Schaltung steht der Nachteil gegenüber, daß für jede Maschine zwei Satz Spannungswandler erforderlich sind. Dieser Nachteil ist jedoch für mittlere Spannungen nicht erheblich, da hierbei die Kosten der Spannungswandler gegenüber den Kosten der ganzen Anlage nicht mehr ins Gewicht fallen. Bei Anlagen mit hoher Spannung, bei denen immer ein Generator zusammen mit einem Hochspannungstransformator eine Schalteinheit bildet und bei denen demgemäß sämtliche Ausschalter hinter den Transformatoren auf der Oberspannungsseite liegen, sind indessen die Kosten und der Raumbedarf der Spannungswandler sehr erheblich, da dann sämtliche Spannungswandler für die hohe Sammelschienenspannung ausgeführt werden müssen. Man wird daher in diesem Falle die Phasenvergleichung zwischen Generator und Generator vorziehen.

2. Phasenvergleichung zwischen Generator und Sammelschienen.

a. Dunkelschaltung mit Nullspannungsmesser.

Schaltbild 1 zeigt die direkte Schaltung mit Nullspannungsmesser und Phasenlampen in Dunkelschaltung. Die Schaltung ist für Spannungen bis 250 Volt anwendbar. Der Instrumentsatz besteht aus einem Doppelfrequenzmesser, einem Doppelspannungsmesser, einem Nullspannungsmesser und zwei Phasenlampen P_1 und P_2. Die Verteilung der beim Parallelschalten auftretenden doppelten Spannung auf zwei Phasenlampen ist bei der direkten Schaltung stets erforderlich, da die Maschinen durch die Hauptschalter stets allpolig von den Sammelschienen abgetrennt werden und eine unmittelbare Verbindung der Hauptsammelschienen mit den Hilfssammelschienen wegen der Vergrößerung der Kurzschlußgefahr in keinem Falle zulässig ist. Die Phasenlampen und der Nullspannungsmesser sind daher für die einfache Netzspannung zu bemessen. Um eine gleiche Verteilung der Spannung auf die beiden in Reihe geschalteten Phasenlampen zu erreichen, ist parallel zur Phasenlampe P_2 ein Ersatzwiderstand R eingeschaltet, der den gleichen Wattverbrauch wie der Nullspannungsmesser aufweist. Bei Verwendung der früheren, überlastbaren Nullspannungsmesser konnte man unter Umständen auf diesen Ersatzwiderstand R verzichten, da der Eigenverbrauch dieser Instrumente gegenüber dem der Phasenlampe nicht in Betracht kam. Bei dem neuen, auf S. 35 beschriebenen Nullspannungsmesser mit Vorschaltlampe ist dagegen der Ersatzwiderstand in jedem Falle erforderlich, da der Eigenverbrauch dieses Nullspannungsmessers ebenso groß ist, wie der der parallel zu ihm liegenden Phasenlampe. Bei der Bemessung der Größe dieses Ersatzwiderstandes muß man außer dem Wattverbrauch auch noch die Widerstandsänderung des Nullspannungsmessers berücksichtigen. Dies geschieht in einfachster Weise dadurch, daß man als Ersatzwiderstand R eine gleiche Glühlampe wie die Vorschaltlampe des Nullspannungsmessers verwendet. Zur Betätigung der Schalteinrichtung ist für die ganze Anlage nur ein zweipoliger Stecker erforderlich, der in den Steckkontakt der zuzuschaltenden Maschine eingeführt wird.

Schaltbild 2 zeigt die halbindirekte Schaltung mit Nullspannungsmesser und Phasenlampe in Dunkelschaltung. Die Schaltung ist, ebenso wie Schaltung 1, für Spannungen bis 250 Volt bestimmt. Sie unterscheidet sich von Schaltung 1 dadurch, daß zwischen die Sammelschienen und die Meßeinrichtung ein im Verhältnis 1:1 übersetzender Isoliertransformator JT eingeschaltet ist. Durch die Zwischenschaltung des Isoliertransformators werden die Sammelschienen elektrisch vollkommen von der Meßschaltung getrennt und es wird ermöglicht, die Meßschaltung in gleicher Weise wie die indirekte Schaltung mit einer einpoligen Verbindung auszuführen (vgl. S. 8). Die unsichere Verteilung der Spannung auf zwei Phasenlampen wird somit hierbei vermieden. Am Nullspannungsmesser und an der Phasenlampe tritt dann die doppelte Netzspannung auf. Die Sekundärwickelung des Isoliertransformators darf nicht geerdet werden, da man durch die Erdung einen Pol der Anlage an Erde legen würde. Zur Betätigung der Schalteinrichtung ist ebenso wie bei Schaltbild 1 nur ein zweipoliger Stecker erforderlich, der in den Steckkontakt der zuzuschaltenden Maschine eingeführt wird.

Schaltbild 3 zeigt eine indirekte Schaltung für Spannungen bis 250 Volt, mit Nullspannungsmesser und Phasenlampe in Dunkelschaltung. Die Schaltung unterscheidet sich von der vorher beschriebenen dadurch, daß auch an den Hilfssammelschienen ein Spannungswandler angeschlossen ist und daß beide Spannungswandler auf eine Sekundärspannung von 110 Volt übersetzen. Der Nullspannungsmesser und die Phasenlampe sind daher in diesem Falle nur für die doppelte Sekundärspannung der Spannungswandler, also für 2 × 110 Volt zu bemessen. Da die Steckvorrichtungen bei dieser Schaltung an der vollen Maschinenspannung liegen, ist der Anwendungsbereich dieser Schaltung auf Niederspannungsanlagen beschränkt. Zur Bedienung der Parallelschalteinrichtung ist ebenso wie bei den Schaltbildern 1 und 2 nur ein zweipoliger Stecker erforderlich, der in den Steckkontakt der zuzuschaltenden Maschine eingeführt wird.

Schaltbild 4 zeigt eine indirekte Schaltung für Hochspannung, ebenfalls mit Nullspannungsmesser und Phasenlampe in Dunkelschaltung. Der Instrumentsatz ist wieder der gleiche wie bei Schaltbild 3. Der Nullspannungsmesser und die Phasenlampe sind wieder für die doppelte Sekundärspannung der Spannungswandler, also für 2 × 110 Volt zu bemessen. Um das Bedienen der Schaltung gefahrlos zu machen, sind die Steckvorrichtungen auf die Niederspannungsseite verlegt. Es ist daher für jede Maschine ein besonderer Maschinenspannungswandler vorgesehen. Um zu verhüten, daß abgeschaltete Maschinen bei versehentlichem falschen Stöpseln durch Rücktransformierung des zugehörigen Spannungswandlers unter Spannung gesetzt werden, sind bei dieser Schaltung an den Trennschaltern der Maschinen besondere Hilfskontakte angebracht, die die Parallelschalteinrichtung bei ausgeschalteten Trennschaltern unterbrechen.

Schaltbild 5 zeigt die indirekte Hochspannungsschaltung mit Nullspannungsmesser bei Mehrfachsammelschienen. Durch die auf der rechten Seite des Schaltbildes angegebene Steckeinrichtung können die beiden Sammelschienensysteme wahlweise auf die Parallelschalteinrichtung geschaltet werden. Damit man stets ohne weiteres erkennen kann, welches der beiden Sammelschienensysteme eingeschaltet ist, sind hierbei farbige Signallampen angebracht, die beim Einführen des Steckers aufleuchten. An den Steckvorrichtungen der Maschinen sind entsprechende Signallampen angebracht, die aber unabhängig vom Stecker durch die

Hilfskontakte an den Trennschaltern eingeschaltet werden. Man kann daher an der Farbe der brennenden Signallampen stets von vornherein erkennen, welche Trennschalter eingelegt und welche Sammelschienen an die Meßeinrichtung angeschlossen sind. Ein versehentliches Schalten auf falsche Sammelschienen ist somit kaum noch möglich. Gleichzeitig mit der Signalgebung erfüllen die Hilfskontakte noch den gleichen Zweck wie bei Schaltbild 4. Zur Bedienung der ganzen Anlage ist ein kurzer und ein langer zweipoliger Stecker erforderlich. Soll eine Maschine neu in Betrieb genommen werden, sind die Stecker so zu stecken, daß an der Maschinen- und an der Sammelschienen-Steckeinrichtung die gleichfarbigen Lampen leuchten. Sollen dagegen die verschiedenen Sammelschienensysteme parallel geschaltet werden, so vergleicht man eine an dem einen Sammelschienensystem bereits laufende Maschine mit dem anderen Sammelschienensystem. In diesem Falle müssen daher verschiedenfarbige Lampen brennen. Etwaige von einem fremden Kraftwerk kommende Speiseleitungen werden in gleicher Weise geschaltet wie die einzelnen Maschinen.

b. Hellschaltung mit Summenspannungsmesser.

Schaltbild 6 zeigt die direkte Schaltung mit Summenspannungsmesser und Phasenlampen in Hellschaltung für Anlagen bis 250 Volt Netzspannung. Der Instrumentsatz besteht aus einem Doppelfrequenzmesser, einem als Summenspannungsmesser dienenden Doppelspannungsmesser (vgl. S. 36), zwei Phasenlampen P_1 und P_2, sowie einem Ersatzwiderstand R. Die Verteilung der Summenspannung auf zwei Phasenlampen ist hier aus demselben Grunde wie bei Schaltung 1 erforderlich. Sie ist jedoch bei der Hellschaltung deshalb besonders unangenehm, da hierbei die Meßgenauigkeit des Summenspannungsmessers unmittelbar von der Verteilung der Spannung beeinflußt wird. Der Ersatzwiderstand R muß daher genau den gleichen Widerstand wie das als Summenspannungsmesser benutzte Meßwerk des Doppelspannungsmessers besitzen. Der Summenspannungsmesser und die Phasenlampen sind für die einfache Netzspannung zu bemessen. Zur Betätigung der Schalteinrichtung ist für die ganze Anlage wieder nur ein zweipoliger Stecker erforderlich, der in den Steckkontakt der zuzuschaltenden Maschine eingeführt wird.

Schaltbild 7 zeigt die halbindirekte Schaltung mit Summenspannungsmesser, ebenfalls für Anlagen bis 250 Volt Netzspannung. Durch die Zwischenschaltung des Isoliertransformators werden ebenso wie bei Schaltbild 2 die Sammelschienen elektrisch vollkommen von der Meßschaltung getrennt, so daß bei Vermeidung jeder Kurzschlußgefahr die denkbar einfachste Schaltung erreicht wird. Man kann hierbei ohne weiteres die Hilfssammelschienen einpolig mit der transformierten Netzspannung verbinden und erzielt auf diese Weise eine größere Meßgenauigkeit. Da der Summenspannungsmesser die ungeteilte Spannung anzeigt, kommt man mit nur einer parallel zum Summenspannungsmesser angeschlossenen Phasenlampe aus. Phasenlampe und Summenspannungsmesser sind hierbei für die doppelte Netzspannung zu bemessen. Um einen normalen Doppelspannungsmesser als Summenspannungsmesser zu benutzen, muß man vor das an die Summenspannung angelegte Meßwerk einen Ergänzungswiderstand R schalten, der den gleichen Widerstandswert wie das Meßwerk besitzt. Die Schalteinrichtung wird ebenso wie die vorhergehende nur mit einem zweipoligen Stecker betätigt, der in den Steckkontakt der zuzuschaltenden Maschine eingeführt wird.

Schaltbild 8 ist lediglich eine vollkommenere Ausführung der in Schaltbild 7 angegebenen halbindirekten Schaltung. Während man beim Parallelschalten nach Schaltbild 7 die Spannung des zuzuschaltenden Generators durch den nur kurzzeitig auftretenden Höchstausschlag des Summenspannungsmessers mißt, ist bei Schaltbild 8 ein besonderer Umschalter vorgesehen, durch den der Summenspannungsmesser zeitweilig als Doppelspannungsmesser geschaltet wird. Steht der doppelpolige Umschalter in der Schaltstellung S, so ist der Summenspannungsmesser über den Vorwiderstand R an die Summenspannung angeschlossen. Gleichzeitig ist die Phasenlampe eingeschaltet, so daß beim Höchstwert des Ausschlages die Phasenlampe voll brennt und somit das Achtungssignal zum Einschalten gibt. Ist dagegen der Umschalter auf die Stellung M geschaltet, so liegt der Summenspannungsmesser ohne Vorwiderstand an der Spannung der zuzuschaltenden Maschine. Da der Zeigerausschlag jetzt dauernd bestehen bleibt, kann die Spannung der zuzuschaltenden Maschine sicherer eingestellt werden. Eine Verwechselung der beiden Schaltstellungen, die zu einem falschen Schalten führen könnte, ist hierbei nicht möglich, da im letztgenannten Falle die Phasenlampe ausgeschaltet ist.

Schaltbild 9 zeigte eine indirekte Schaltung für Spannungen bis 250 Volt mit Summenspannungsmesser und Phasenlampe in Hellschaltung. Die Schaltung unterscheidet sich von der vorher beschriebenen dadurch, daß auch an den Hilfssammelschienen ein Spannungswandler angeschlossen ist und daß beide Spannungswandler auf eine Sekundärspannung von 110 Volt übersetzen. Der Summenspannungsmesser und die Phasenlampe sind daher in diesem Falle nur für die doppelte Sekundärspannung der Spannungswandler, also für 2×110 Volt zu bemessen. Da die Steckvorrichtungen hierbei an der vollen Maschinenspannung liegen, ist der Anwendungsbereich dieser Schaltung, ebenso wie bei Schaltbild 3, auf Niederspannungsanlagen beschränkt. Zur Bedienung der Parallelschalteinrichtung ist nur ein zweipoliger Stecker erforderlich, der in den Steckkontakt der zuzuschaltenden Maschine eingeführt wird.

Schaltbild 10 zeigt die indirekte Schaltung für Hochspannung, ebenfalls mit Summenspannungsmesser und Phasenlampe in Hellschaltung. Der Instrumentsatz ist der gleiche wie bei Schaltbild 9. Der Summenspannungsmesser und die Phasenlampe sind wieder für die doppelte Sekundärspannung der Spannungswandler, also für 2×110 Volt zu bemessen. Um das Bedienen der Schaltung gefahrlos zu machen, sind die Steckvorrichtungen auf die Niederspannungsseite verlegt. Es ist daher für jede Maschine ein besonderer Maschinen-Spannungswandler vorgesehen. Die Trennschalter der Maschinen sind in gleicher Weise wie bei Schaltung 4 mit Hilfskontakten zur Vermeidung einer gefährlichen Rücktransformierung versehen. Zur Betätigung der Schalteinrichtung ist ein zweipoliger Stecker erforderlich, der in den Steckkontakt der zuzuschaltenden Maschine eingeführt wird.

Schaltbild 11 zeigt endlich die indirekte Hochspannungsschaltung mit Summenspannungsmesser bei Mehrfachsammelschienen. Der Instrumentsatz ist der gleiche wie bei Schaltbild 10. Die Anordnung der Schaltung ist bis auf die für die Hellschaltung erforderliche Überkreuzung der Sekundärleitungen der Sammelschienentransformatoren dieselbe, wie bei Schaltbild 5. Zur Bedienung der ganzen Anlage ist ein kurzer und ein langer zweipoliger Stecker erforderlich.

64

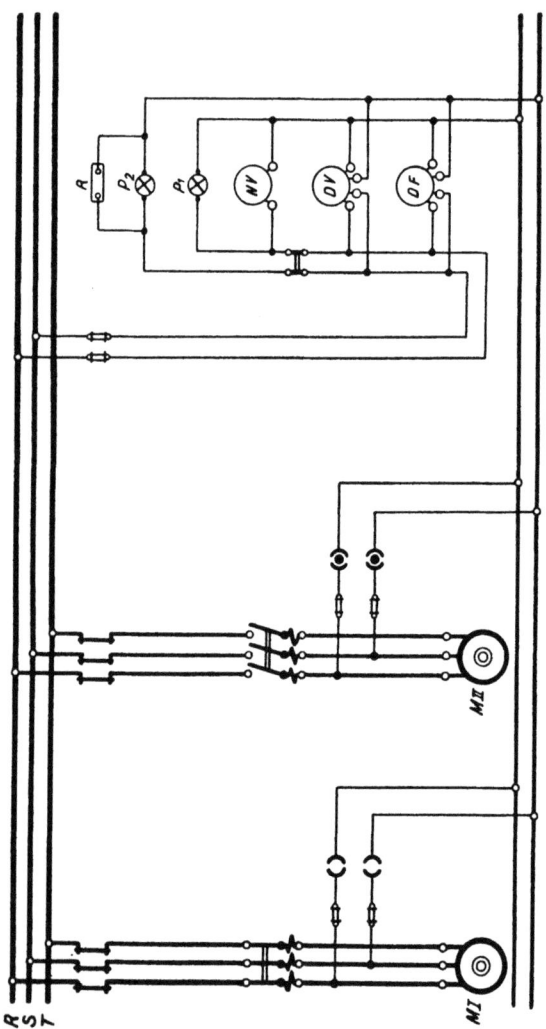

Für die Bedienung der Schaltung ist nur 1 kurzer zweipoliger Stecker erforderlich, der in die Steckeinrichtung der zuzuschaltenden Maschine eingeführt wird.

Schaltbild 1. Phasenvergleichung zwischen Generator und Sammelschienen. Direkte Schaltung mit Nullspannungsmesser und Phasenlampen in Dunkelschaltung. (Bild 63.)

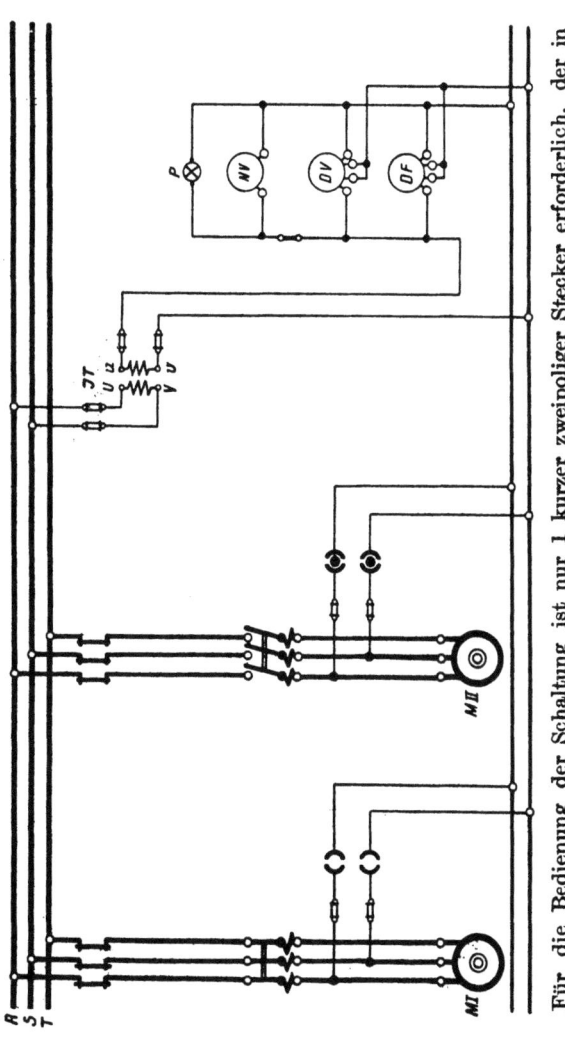

Für die Bedienung der Schaltung ist nur 1 kurzer zweipoliger Stecker erforderlich, der in die Steckeinrichtung der zuzuschaltenden Maschine eingeführt wird.

Schaltbild 2. Phasenvergleichung zwischen Generator und Sammelschienen. Halbindirekte Schaltung mit Nullspannungsmesser u. Phasenlampe in Dunkelschaltung. (Bild 64.)

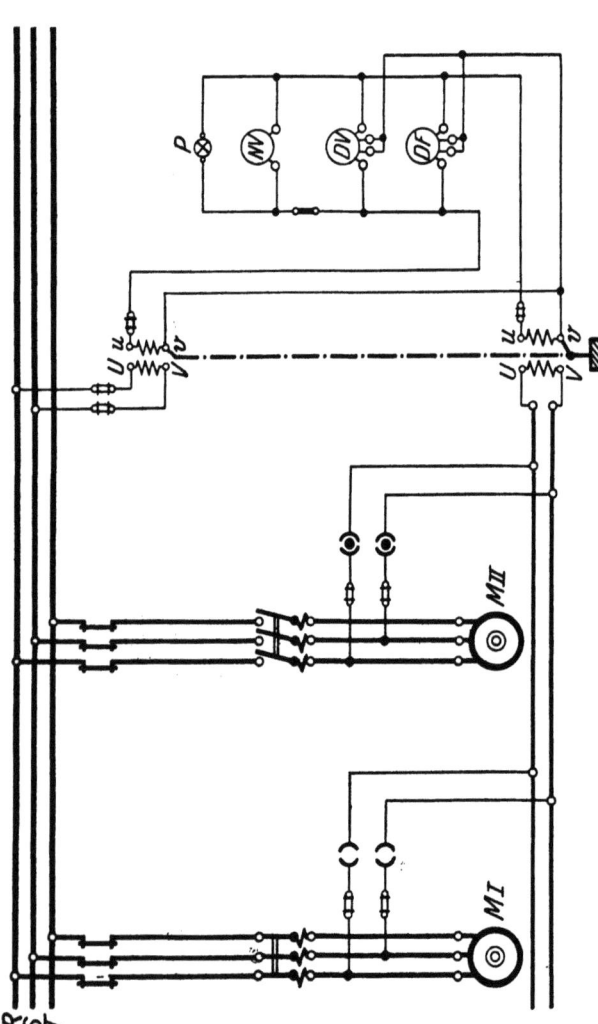

Für die Bedienung der Schaltung ist nur 1 kurzer zweipoliger Stecker erforderlich, der in die Steckeinrichtung der zuzuschaltenden Maschine eingeführt wird.

Schaltbild 3. Phasenvergleichung zwischen Generator und Sammelschienen. Indirekte Schaltung für Spannungen bis 250 Volt mit Nullspannungsmesser und Phasenlampe in Dunkelschaltung. (Bild 65.)

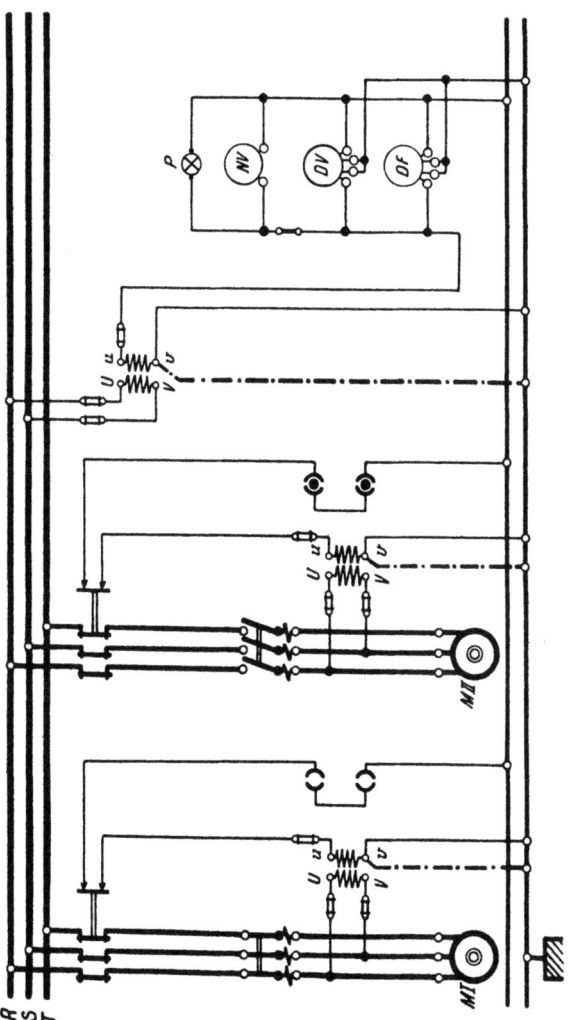

Für die Bedienung der Schaltung ist nur 1 kurzer zweipoliger Stecker erforderlich, der in die Steckeinrichtung der zuzuschaltenden Maschine eingeführt wird.

Schaltbild 4. Phasenvergleichung zwischen Generator und Sammelschienen. Indirekte Schaltung mit Nullspannungsmesser und Phasenlampe in Dunkelschaltung. (Bild 66.)

68

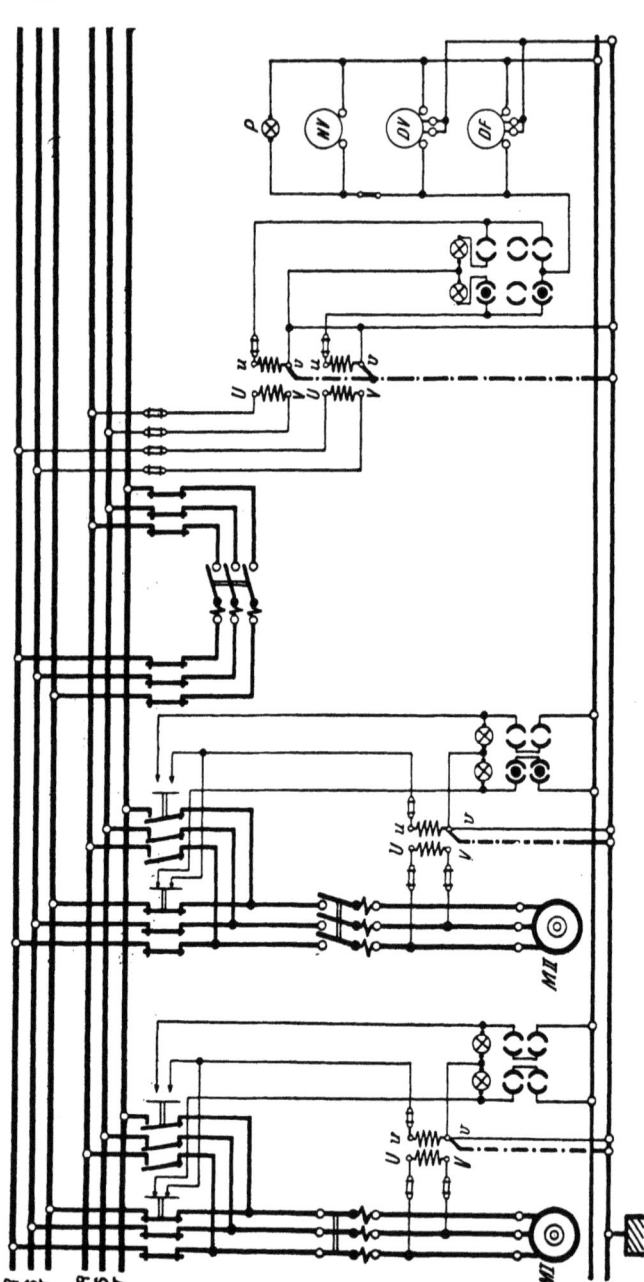

Für die Bedienung der Schaltung ist 1 kurzer und 1 langer zweipoliger Stecker erforderlich. Der kurze Stecker wird in die Steckeinrichtung der zuzuschaltenden Maschine, der lange in die des gewünschten Sammelschienensystems eingeführt.

Schaltbild 5. Phasenvergleichung zwischen Generator und Sammelschienen. Indirekte Schaltung mit Nullspannungsmesser und Phasenlampe in Dunkelschaltung; für Doppelsammelschienen. (Bild 67.)

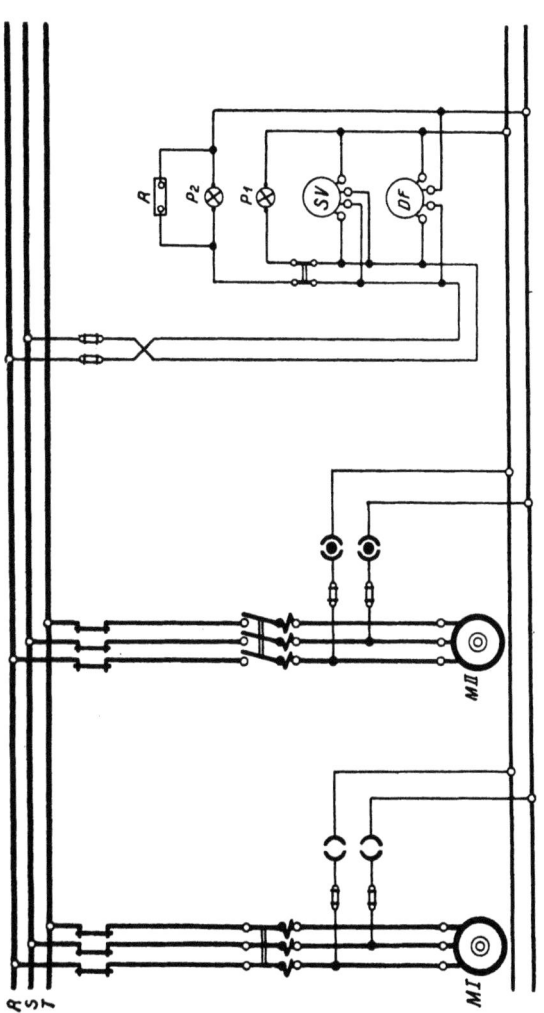

Für die Bedienung der Schaltung ist nur 1 kurzer zweipoliger Stecker erforderlich, der in die Steckeinrichtung der zuzuschaltenden Maschine eingeführt wird.

Schaltbild 6. Phasenvergleichung zwischen Generator und Sammelschienen. Direkte Schaltung mit Summenspannungsmesser und Phasenlampen in Hellschaltung. (Bild 68.)

70

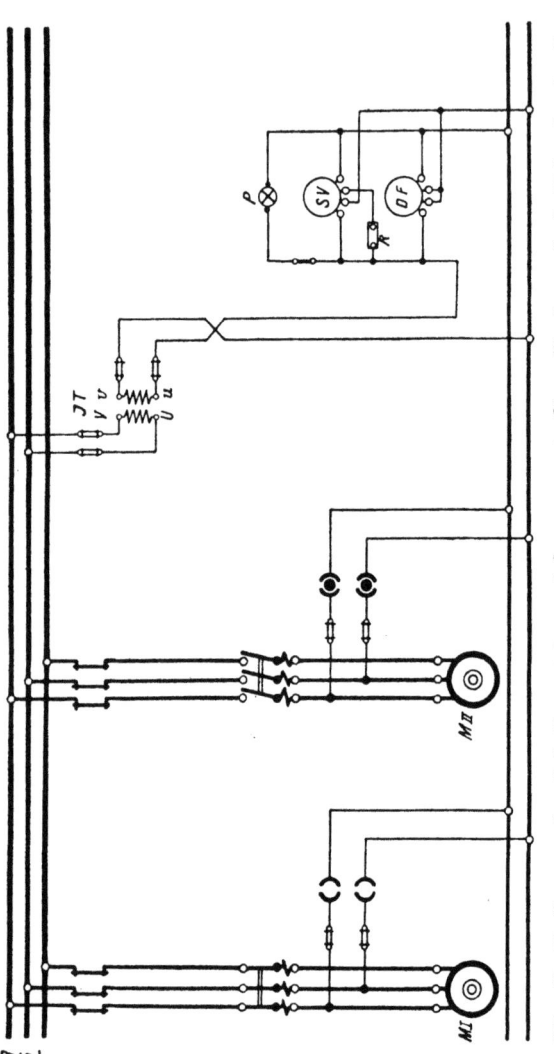

Für die Bedienung der Schaltung ist nur 1 kurzer zweipoliger Stecker erforderlich, der in die Steckeinrichtung der zuzuschaltenden Maschine eingeführt wird.

Schaltbild 7. Phasenvergleichung zwischen Generator und Sammelschienen. Halbindirekte Schaltung mit Summenspannungsmesser und Phasenlampe in Hellschaltung. (Bild 69.)

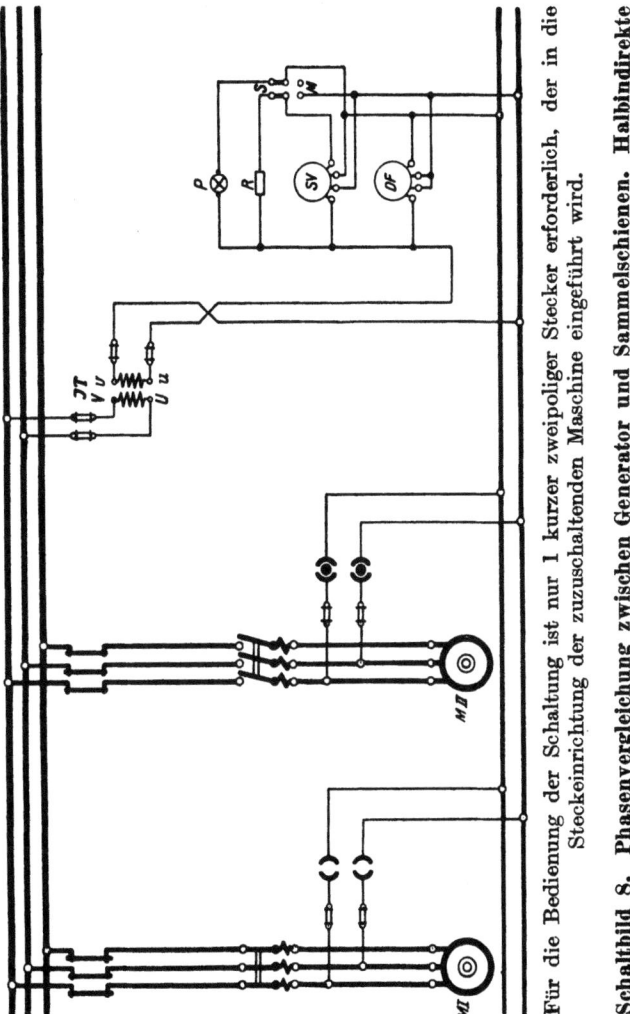

Für die Bedienung der Schaltung ist nur 1 kurzer zweipoliger Stecker erforderlich, der in die Steckeinrichtung der zuzuschaltenden Maschine eingeführt wird.

Schaltbild 8. Phasenvergleichung zwischen Generator und Sammelschienen. Halbindirekte Schaltung mit umschaltbarem Summenspannungsmesser und Phasenlampe in Hellschaltung.
(Bild 70.)

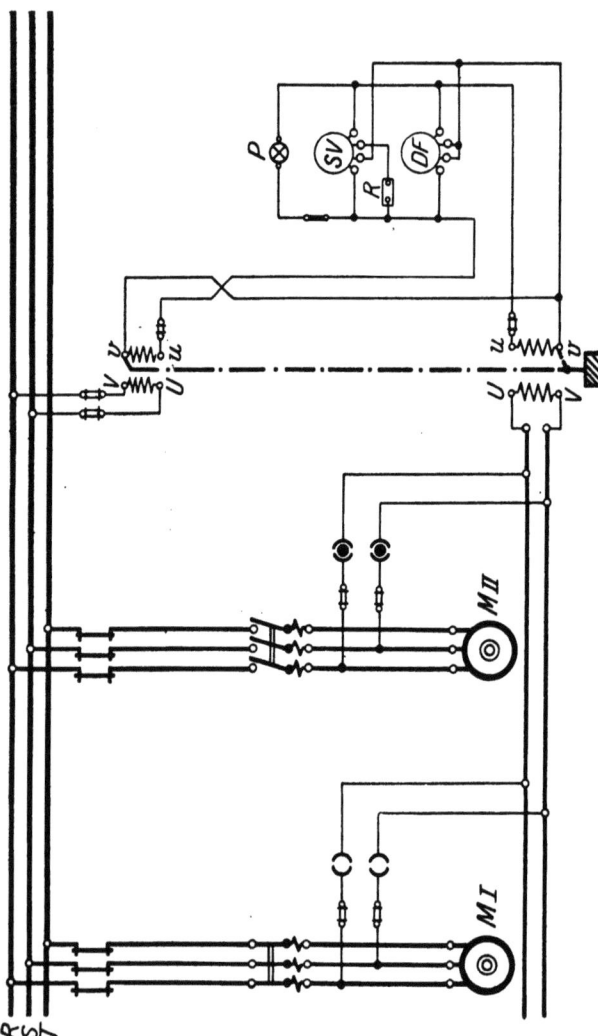

Für die Bedienung der Schaltung ist nur 1 kurzer zweipoliger Stecker erforderlich, der in die Steckeinrichtung der zuzuschaltenden Maschine eingeführt wird.

Schaltbild 9. Phasenvergleichung zwischen Generator und Sammelschienen. Indirekte Schaltung für Spannungen bis 250 Volt mit Summenspannungsmesser und Phasenlampe in Hellschaltung. (Bild 71.)

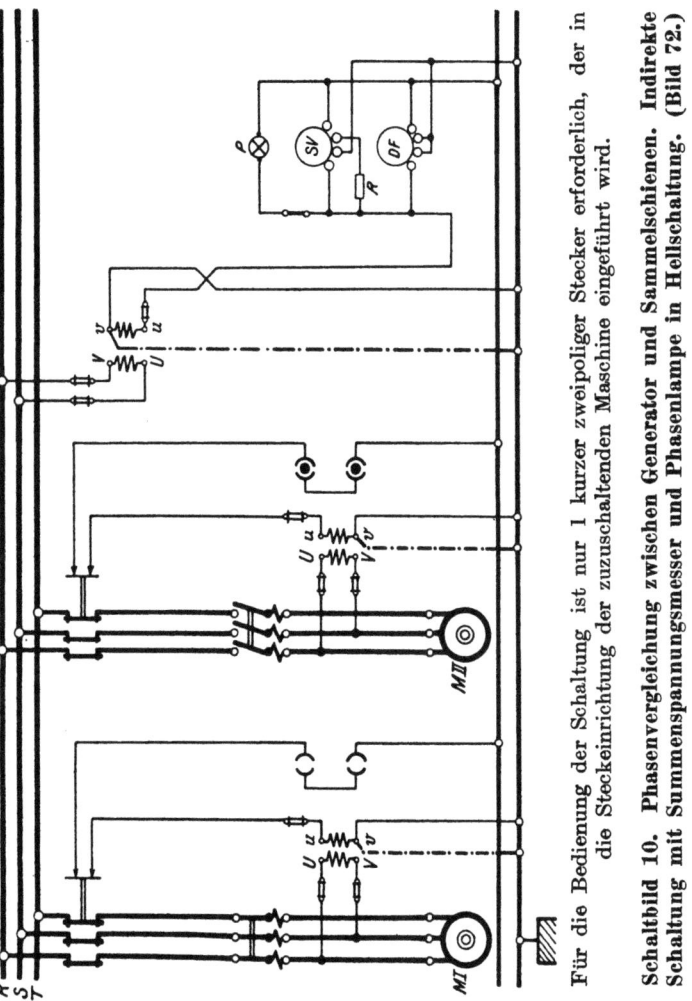

Schaltbild 10. Phasenvergleichung zwischen Generator und Sammelschienen. Indirekte Schaltung mit Summenspannungsmesser und Phasenlampe in Hellschaltung. (Bild 72.)

Für die Bedienung der Schaltung ist nur 1 kurzer zweipoliger Stecker erforderlich, der in die Steckeinrichtung der zuzuschaltenden Maschine eingeführt wird.

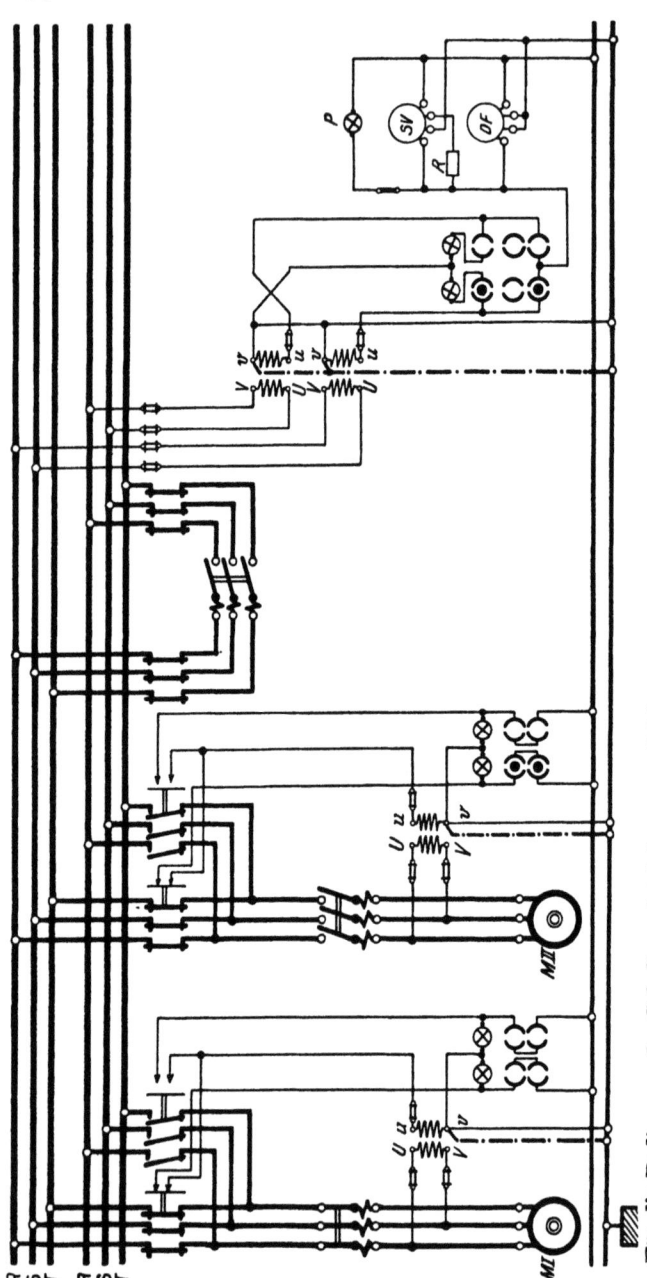

Für die Bedienung der Schaltung ist 1 kurzer und 1 langer zweipoliger Stecker erforderlich. Der kurze Stecker wird in die Steckeinrichtung der zuzuschaltenden Maschine, der lange in die des gewünschten Sammelschienensystems eingeführt.

Schaltbild 11. Phasenvergleichung zwischen Generator und Sammelschienen. Indirekte Schaltung mit Summenspannungsmesser und Phasenlampe in Hellschaltung; für Doppelsammelschienen. (Bild 73.)

c. Schaltungen mit Lampenapparat.

Schaltbild 12 zeigt eine direkte Schaltung mit Lampenapparat in Dunkelschaltung und mit Nullspannungsmesser für Spannungen bis etwa 250 Volt. Der Instrumentsatz besteht aus einem Doppelfrequenzmesser, einem Doppelspannungsmesser, dem Lampenapparat und dem Nullspannungsmesser. Um zu vermeiden, daß durch den Nullspannungsmesser die Spannungen ungleich verteilt werden, sind in die beiden anderen Zweige Ersatzwiderstände R einzuschalten, die den gleichen Eigenverbrauch und annähernd die gleiche Widerstandsänderung aufweisen wie der Nullspannungsmesser. Man verwendet hierzu zweckmäßig die gleichen Lampen, wie sie als Vorschaltlampen für den Nullspannungsmesser benutzt werden. Alle Lampen und der Nullspannungsmesser sind für die doppelte Sternspannung, also für das 1,15fache der Netzspannung zu bemessen. Zur betriebsmäßigen Bedienung der Parallelschalteinrichtung ist ein dreipoliger Stecker erforderlich, der in den Steckkontakt der zuzuschaltenden Maschine eingeführt wird. Nach erfolgter Synchronisierung wird der Lampenapparat nebst dem Nullspannungsmesser durch einen dreipoligen Schalter ausgeschaltet.

Schaltbild 13 zeigt die indirekte Schaltung mit Lampenapparat in Dunkelschaltung und Nullspannungsmesser. Der Instrumentsatz ist genau der gleiche wie bei dem vorher beschriebenen Schaltbild 12, jedoch sind die Lampen und der Nullspannungsmesser für $1{,}15 \times 110$, also für 127 Volt zu bemessen. Um eine einwandfreie Erdung der Sekundärseite der Spannungswandler zu ermöglichen und dabei trotzdem die für den Lampenapparat erforderliche Trennung aller Leitungen aufrecht zu erhalten, ist hinter dem Sammelschienen-Spannungswandler ein besonderer Isoliertransformator JT eingeschaltet, der im Verhältnis 1 : 1 übersetzt. Zur Betätigung der Parallelschalteinrichtung ist für die ganze Anlage nur ein zweipoliger Stecker erforderlich, der in den Steckkontakt der zuzuschaltenden Maschine eingeführt wird.

Schaltbild 14 zeigt die indirekte Schaltung mit Lampenapparat in Hellschaltung und Summenspannungsmesser. Die Lampen des Lampenapparates sind wieder für $1{,}15 \times 110 = 127$ Volt zu bemessen. Als Summenspannungsmesser wird ein Doppelspannungsmesser mit zwei Meßwerken verwendet (vgl. S. 36).

Um es zu erreichen, daß die beiden Zeiger des Instruments bei Phasengleichheit auf dem gleichen Wert 110 Volt stehen, wird vor das als Summenspannungsmesser geschaltete Meßwerk ein besonderer Vorwiderstand R gelegt, der 15% der Spannung vernichtet. Da der Eigenverbrauch des Summenspannungsmessers sehr klein ist, sind Ersatzwiderstände in den beiden anderen Phasen nicht erforderlich. Die für die Hellschaltung erforderliche Überkreuzung der Leitungen ist auf der Sekundärseite des Isoliertransformators JT vorgenommen worden. Im übrigen ist die Schaltung die gleiche wie bei dem vorhergehenden Schaltbild 13. Zur Bedienung der ganzen Anlage ist ein zweipoliger Stecker erforderlich, der in den Steckkontakt der zuzuschaltenden Maschine eingeführt wird.

d. Schaltungen mit Synchronoskop.

Schaltbild 15 zeigt die direkte Schaltung mit Siemens-Synchronoskop und Phasenlampen in Dunkelschaltung. Die Schaltung ist für Spannungen bis 250 Volt bestimmt. Der Instrumentsatz besteht aus einem Doppelfrequenzmesser, einem Doppelspannungsmesser, einem Synchronoskop und zwei Phasenlampen. Das Synchronoskop und die Phasenlampen sind für die einfache Netzspannung zu bemessen. Vor das Synchronoskop muß stets ein besonderer Ausschalter eingebaut werden, da der Apparat erst dann eingeschaltet werden darf, wenn die Frequenzabweichungen zwischen Generator und Netz nicht mehr als 5% betragen. Zur Bedienung der ganzen Anlage ist nur ein zweipoliger Stecker erforderlich, der in den Steckkontakt der zuzuschaltenden Maschine eingeführt wird.

Schaltbild 16 zeigt die indirekte Schaltung mit Siemens-Synchronoskop und Phasenlampe in Dunkelschaltung. Da alle Meßwandler durch die Erdleitung einpolig verbunden sind, ist nur eine Phasenlampe erforderlich, die für die doppelte Sekundärspannung der Spannungswandler, also für 2×110 Volt, zu bemessen ist. Das Synchronoskop ist dagegen nur für 110 Volt zu wählen, da in ihm nur die beiden Einzelspannungen auftreten. Der Ausschalter vor dem Synchronoskop darf nur zweipolig sein, da die an Erde liegenden Leitungen nicht unterbrochen werden dürfen. Die an den Trennschaltern angebrachten Hilfskontakte verhüten, daß abgeschaltete Maschinen bei versehentlichen falschen

Stöpseln durch Rücktransformierung des zugehörigen Spannungswandlers unter Spannung gesetzt werden. Zur betriebsmäßigen Bedienung der ganzen Anlage ist nur ein zweipoliger Stecker erforderlich, der in den Steckkontakt der zuzuschaltenden Maschine eingeführt wird.

Schaltbild 17 zeigt die indirekte Schaltung mit Siemens-Synchronoskop und Phasenlampe in Dunkelschaltung bei Doppelsammelschienen. Entsprechend den zwei Sammelschienensystemen sind zwei Satz Sammelschienen-Transformatoren erforderlich, die mittels zweier Steckeinrichtungen wahlweise auf den Instrumentsatz geschaltet werden. Beim Einführen des Sammelschienensteckers leuchtet stets eine dem gewählten Sammelschienensystem entsprechende farbige Signallampe auf. An den Steckvorrichtungen der Maschinen sind ebenfalls farbige Signallampen angebracht, die aber durch die Hilfskontakte an den Trennschaltern eingeschaltet werden. Man kann daher an der Farbe der brennenden Signallampen stets von vornherein erkennen, welche Trennschalter eingelegt und welche Sammelschienen an die Meßeinrichtung angeschlossen sind. Ein versehentliches Schalten auf falsche Sammelschienen ist somit kaum noch möglich. Gleichzeitig mit der Signalgebung erfüllen die Hilfskontakte noch den gleichen Zweck wie bei Schaltbild 16. Zur Bedienung der ganzen Anlage ist ein kurzer zweipoliger und ein dreipoliger Stecker erforderlich. Soll eine Maschine neu in Betrieb genommen werden, so sind die Stecker so zu stecken, daß an der Maschinen- und an der Sammelschienen-Steckeinrichtung gleichfarbige Lampen leuchten. Sollen dagegen verschiedene Sammelschienensysteme parallel geschaltet werden, so vergleicht man eine an dem einen Sammelschienensystem bereits laufende Maschine mit dem anderen Sammelschienensystem. In diesem Falle müssen daher verschiedenfarbige Lampen leuchten. Etwaige von einem fremden Kraftwerk kommende Speiseleitungen werden in der gleichen Weise geschaltet wie die einzelnen Maschinen.

Die Schaltungen 16 und 17 können noch wesentlich vervollkommnet werden, wenn man die Phasenlampe an einen Umkehrtransformator anschließt (vgl. S. 12), so daß sie bei Phasengleichheit aufleuchtet. Der Instrumentsatz entspricht dann genau der auf Bild 58 dargestellten Anordnung.

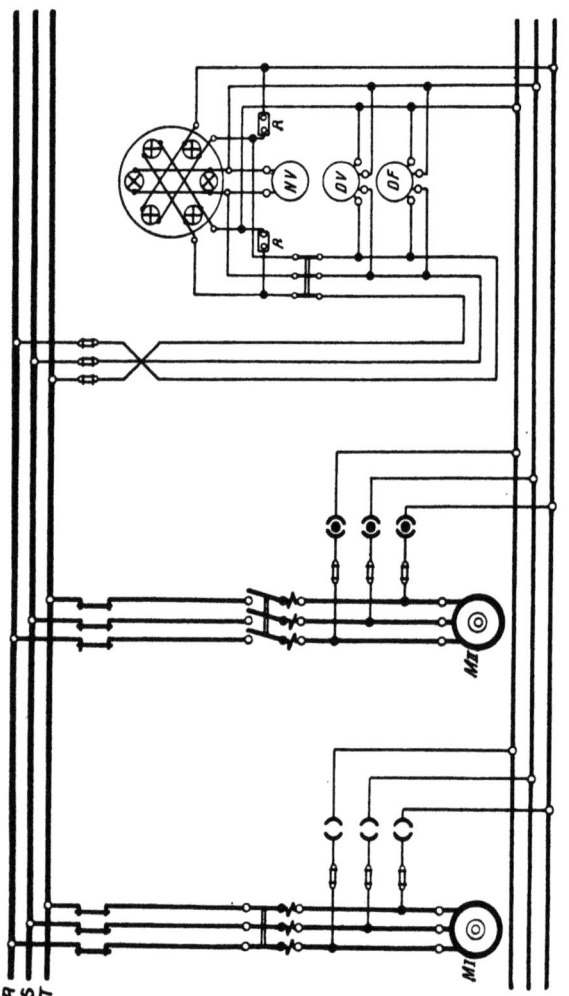

Schaltbild 12. **Phasenvergleichung zwischen Generator und Sammelschienen. Direkte Schaltung mit Lampenapparat in Dunkelschaltung und Nullspannungsmesser. (Bild 74.)**

Für die Bedienung der Schaltung ist nur 1 dreipoliger Stecker erforderlich, der in die Steckereinrichtung der zuzuschaltenden Maschine eingeführt wird.

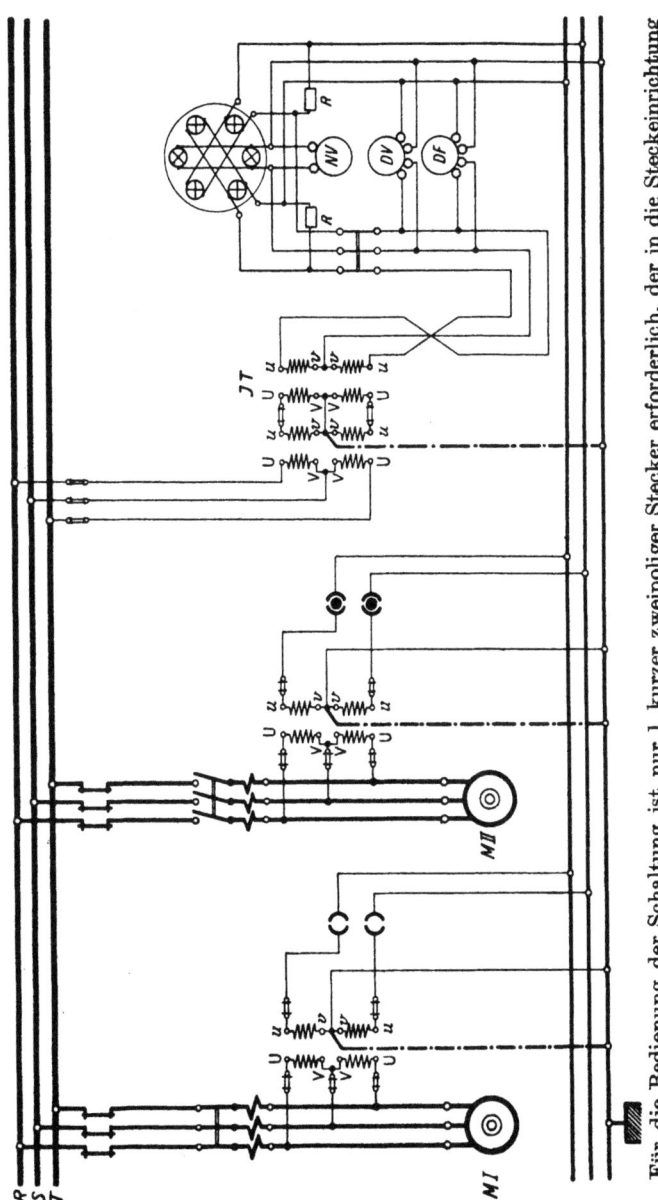

Für die Bedienung der Schaltung ist nur 1 kurzer zweipoliger Stecker erforderlich, der in die Steckeinrichtung der zuzuschaltenden Maschine eingeführt wird.

Schaltbild 13. Phasenvergleichung zwischen Generator und Sammelschienen. Indirekte Schaltung mit Lampenapparat in Dunkelschaltung und Nullspannungsmesser. (Bild 75.)

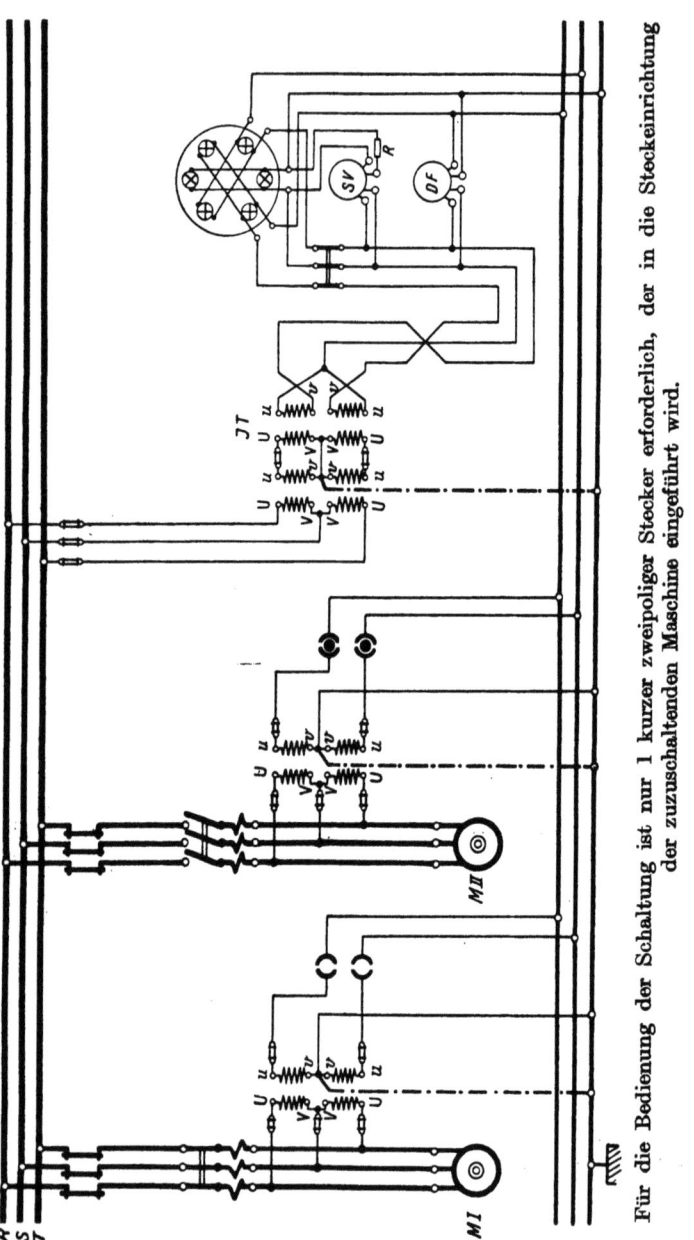

Für die Bedienung der Schaltung ist nur 1 kurzer zweipoliger Stecker erforderlich, der in die Steckeinrichtung der zuzuschaltenden Maschine eingeführt wird.

Schaltbild 14. Phasenvergleichung zwischen Generator und Sammelschienen. Indirekte Schaltung mit Lampenapparat in Hellschaltung und Summenspannungsmesser. (Bild 76.)

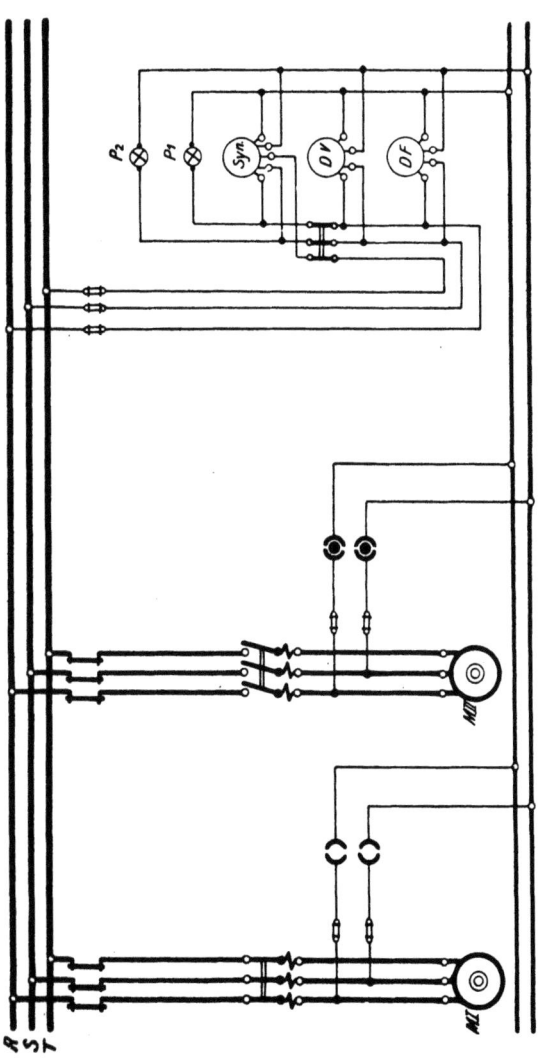

Für die Bedienung der Schaltung ist nur 1 kurzer zweipoliger Stecker erforderlich, der in die Steckeinrichtung der zuzuschaltenden Maschine eingeführt wird.

Schaltbild 15. Phasenvergleichung zwischen Generator und Sammelschienen. Direkte Schaltung mit Synchronoskop und Phasenlampen in Dunkelschaltung. (Bild 77.)

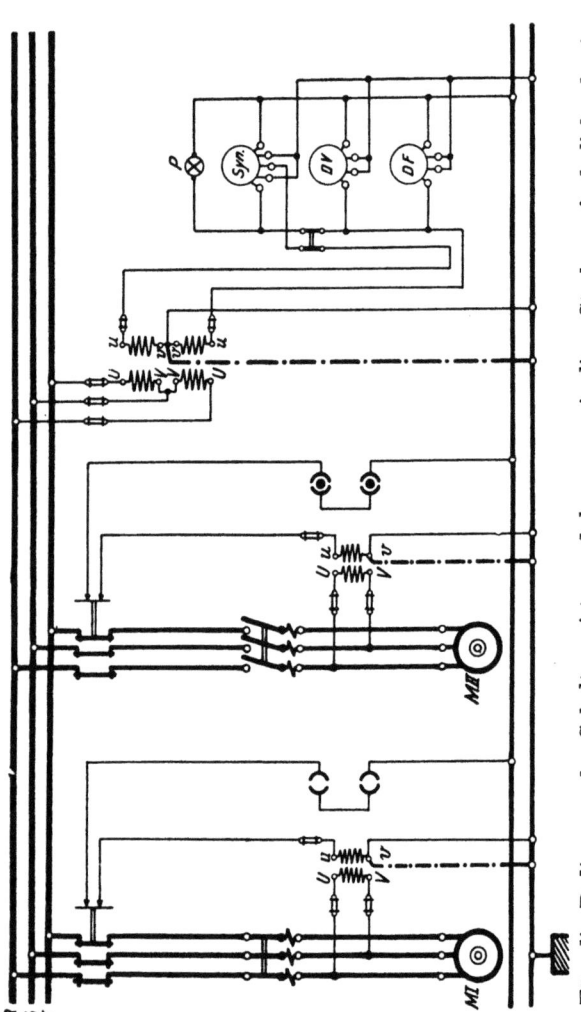

Für die Bedienung der Schaltung ist nur 1 kurzer zweipoliger Stecker erforderlich, der in die Steckeinrichtung der zuzuschaltenden Maschine eingeführt wird.

Schaltbild 16. Phasenvergleichung zwischen Generator und Sammelschienen. Indirekte Schaltung mit Synchronoskop und Phasenlampe in Dunkelschaltung. (Bild 78.)

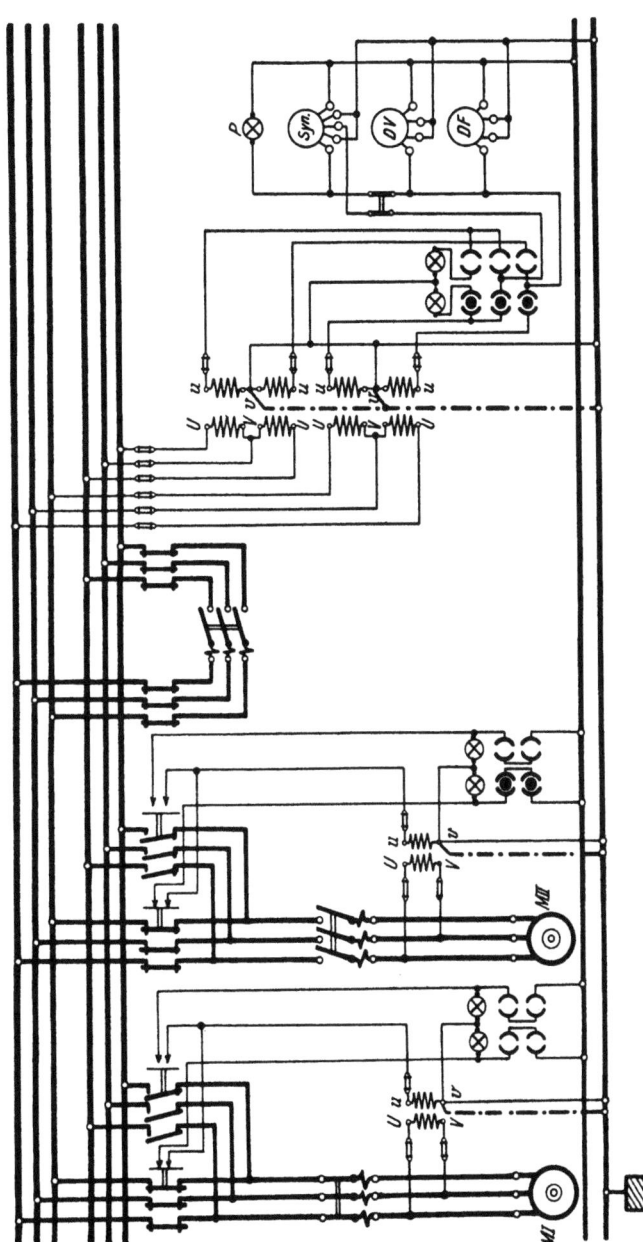

Für die Bedienung ist 1 zweipoliger und 1 dreipoliger Stecker erforderlich. Der zweipolige Stecker wird in die Steckeinrichtung der zuzuschaltenden Maschine, der dreipolige in die der gewünschten Sammelschienen eingeführt.

Schaltbild 17. Phasenvergleichung zwischen Generator und Sammelschienen. Indirekte Schaltung mit Synchronoskop und Phasenlampe in Dunkelschaltung; für Doppelsammelschienen. (Bild 79.)

3. Phasenvergleichung zwischen Generator und Generator.

a. Dunkelschaltung mit Nullspannungsmesser.

Schaltbild 18 zeigt die indirekte Schaltung mit Nullspannungsmesser und Phasenlampe in Dunkelschaltung. Nullspannungsmesser und Phasenlampe sind für 2×110 Volt zu bemessen. Der Instrumentsatz wird durch Verwendung eines kurzen und eines langen Schaltsteckers zwischen die beiden zu vergleichenden Maschinen eingeschaltet. Etwaige von anderen Kraftwerken kommende Speiseleitungen (Sp) können, falls durch die Maschinentransformatoren keine Phasenverschiebung bedingt ist (vgl. S. 106), genau so wie die einzelnen Maschinensätze geschaltet werden. Der Spannungswandler für die Speiseleitung ist jedoch für die volle Sammelschienenspannung zu bemessen. Die Trennschalter sind wieder mit Hilfskontakten versehen, um zu verhüten, daß abgeschaltete Maschinen bei versehentlichem falschen Stöpseln durch Rücktransformierung des zugehörigen Spannungswandlers unter Spannung gesetzt werden.

Schaltbild 19 zeigt die gleiche Schaltung für Doppelsammelschienen. An den Steckvorrichtungen der Maschinen sind hierbei noch farbige Signallampen angebracht, die durch die Hilfskontakte an den Trennschaltern eingeschaltet werden. Man kann daher an der Farbe der brennenden Signallampen stets von vornherein erkennen, auf welche Sammelschienen geschaltet wird. Zur Bedienung der ganzen Anlage ist ein kurzer und ein langer zweipoliger Stecker erforderlich. Soll eine Maschine neu in Betrieb genommen werden, so ist an ihrer Steckvorrichtung der lange Stecker auf der Seite einzustecken, wo die Signallampe leuchtet. Der kurze Stecker ist in die Steckvorrichtung einer bereits auf das gleiche Sammelschienensystem arbeitenden Maschine einzuführen. Es müssen dann bei beiden Steckern die gleichfarbigen Signallampen leuchten. Sollen dagegen die beiden Sammelschienensysteme parallel geschaltet werden, so vergleicht man eine an dem einen Sammelschienensystem laufende Maschine mit einer auf das andere Sammelschienensystem arbeitenden Maschine. Hierbei werden demgemäß verschiedenfarbige Lampen an den Steckvorrichtungen leuchten. Für etwaige von einem fremden Kraftwerk kommende Speiseleitungen gilt das gleiche, was bei Schaltbild 18 gesagt wurde.

b. Gemischte Schaltung mit Nullspannungsmesser und Umkehrtransformator für die Phasenlampe.

Schaltbild 20 zeigt eine gemischte Schaltung mit dem vom Verfasser angegebenen Umkehrtransformator (vgl. S. 13). Diese unterscheidet sich von der im Schaltbild 18 angegebenen Schaltung dadurch, daß die Phasenlampe an einen besonderen Umkehrtransformator UT angeschlossen ist. Durch den Umkehrtransformator wird unmittelbar am Instrumentsatz die eine der beiden zu vergleichenden Spannungen um 180° gedreht, so daß die Phasenlampe trotz der unverändert weiterbestehenden Dunkelschaltung der Generatorenschaltanlage in Hellschaltung liegt. Die Phasenlampe gibt dann durch ihr Aufleuchten im richtigen Augenblick das Achtungssignal für das Parallelschalten. Das Schalten wird demnach viel sicherer als bei der Dunkelschaltung von statten gehen (vgl. S. 17). Weiterhin wird hierbei noch die Betriebssicherheit der Schaltvorrichtung wesentlich erhöht, da das Achtungssignal eben nur bei vollkommen intakter Schaltung erfolgen kann. Die durch den Umkehrtransformator entstehenden Mehrkosten sind gegenüber diesen Vorteilen belanglos, da der Umkehrtransformator in diesem Falle ein ganz kleiner, billiger Transformator sein kann. Die Übersetzung des Umkehrtransformators ist stets 1 : 1 zu wählen, also 110 : 110 Volt. Seine Leistung braucht nur halb so groß zu sein als der Verbrauch der Phasenlampe.

Die Schaltung kann in gleicher Weise auch für Doppelsammelschienen benutzt werden. Die Maschinenschaltung ist dann genau wie im Schaltbild 19 auszuführen.

c. Umkehrschaltung mit Summenspannungsmesser.

Schaltbild 21 zeigt die Verwendung des Umkehrtransformators für den Anschluß der Phasenlampe und eines Summenspannungsmessers. Die Schaltung ermöglicht also die Verwendung einer vollständigen Apparatur für Hellschaltung im Anschluß an eine bestehende Dunkelschaltung der Generatorenschaltanlage. Die von der Generatorenschaltanlage erzeugte Differenzspannung wird hierbei unmittelbar am Instrumentsatz durch den dort angebrachten Umkehrtransformator in eine Summenspannung verwandelt, so daß die gleiche Wirkung erzielt wird wie bei einer normalen Hellschaltung. Durch diese neue Schaltung ist es nunmehr möglich geworden, für die Generatorenschaltanlage stets die gleiche einfache Schaltweise der Dunkelschaltung zu wählen, ganz unabhängig davon, ob man für den Instrumentsatz Dunkel- oder Hellschaltung anwenden will (vgl. S. 14). Alle Schwierigkeiten, die die Verwendung der Hellschaltung bei der wahlweisen Schaltung von Generator zu Generator unmöglich machen, sind hiermit behoben, da die Schaltung für alle Generatoren genau die gleiche ist und alle Spannungswandler einschließlich des Umkehrtransformators einpolig verbunden und in normaler Weise geerdet werden können. Es besteht demgemäß kein Hinderungsgrund mehr, die hinsichtlich der Betriebssicherheit überlegene Hellschaltung an Stelle der Dunkelschaltung anzuwenden. Die Kosten für den zusätzlichen Umkehrtransformator sind auch hier gegenüber den erreichten Vorteilen belanglos, da ein Meßwandler kleinster Type genügt, der für 110 Volt bemessen sein muß und im Verhältnis 1 : 1 übersetzt.

Schaltbild 22 ist eine Weiterentwicklung des Schaltbildes 21. Der Doppelspannungsmesser wird hierbei in ähnlicher Weise wie im Schaltbild 8 durch einen Umschalter einmal als Maschinenspannungsmesser und das andere Mal als Summenspannungsmesser geschaltet. Steht der hierzu erforderliche dreipolige Umschalter in der Schaltstellung M, so dient das an die rechten Instrumentklemmen angeschlossene Meßwerk als Maschinenspannungsmesser. Der Stromkreis der Phasenlampe ist hierbei unterbrochen. Steht der Umschalter dagegen in der Schaltstellung S, so arbeitet das Instrument als Summenspannungsmesser. Vor seinem Meßwerk liegt hierbei der Vorwiderstand R und parallel zu der Reihenschaltung die Phasenlampe P. Die Phasenlampe und der Umkehrtransformator sind jetzt eingeschaltet, so daß die Phasenlampe periodisch aufleuchtet und bei Phasengleichheit durch ihr dauerndes Leuchten das Achtungssignal zum Parallelschalten gibt. Auch diese beiden Schaltungen können ohne weiteres für Anlagen mit Doppelsammelschienen benutzt werden, wenn man die Maschinen nach Schaltbild 19 schaltet.

d. Schaltungen mit Synchronoskop.

Schaltbild 23 stellt eine indirekte Schaltung mit Siemens-Synchronoskop und Phasenlampe für Dunkelschaltung dar. Der Instrumentsatz ist genau der gleiche wie bei Schaltbild 16. Das

Synchronoskop ist für 110 Volt, die Phasenlampe für 2 × 110 Volt zu bemessen. Die einzelnen Maschinensätze sind vollkommen gleich geschaltet. Die für das richtige Arbeiten des Synchronoskops erforderliche Verschiedenheit der Schaltungen für die bereits laufende und die zuzuschaltende Maschine wird durch verschiedenartige Stecker erreicht. Für die zuzuschaltende Maschine wird ein einpoliger Stecker benutzt, der nur den einen Spannungswandler einschaltet, während für die bereits laufende Maschine ein langer zweipoliger Stecker verwendet wird, der beide Spannungswandler und damit den für den Betrieb des Synchronoskops erforderlichen Drehstrom einschaltet. An den Trennschaltern der Maschinen sind wieder Hilfskontakte angebracht, die die Parallelschalteinrichtung bei ausgeschalteten Trennschaltern unterbrechen. Für Speiseleitungen aus fremden Kraftwerken ist nur 1 Spannungswandler erforderlich, der allerdings für die Oberspannung bemessen sein muß. Die Schaltung setzt jedoch voraus, daß zwischen Unterspannung und Oberspannung keine Phasenverschiebung vorhanden ist (vgl. S. 106).

Schaltbild 24 zeigt die gleiche Schaltung für Doppelsammelschienen. An den Steckvorrichtungen der Maschinen sind hierbei wieder farbige Signallampen angebracht, die durch die Hilfskontakte an den Trennschaltern eingeschaltet werden. Man kann daher an der Farbe der brennenden Signallampen stets von vornherein erkennen, auf welche Sammelschienen geschaltet wird. Gleichzeitig verhüten die Signalkontakte noch ein versehentliches Unterspannungsetzen der Maschinen. Zur Bedienung der ganzen Schaltanlage dient ebenso wie bei Schaltbild 23 ein einpoliger und ein langer zweipoliger Stecker. Soll eine Maschine neu in Betrieb genommen werden, so ist an der zugehörigen Steckvorrichtung der einpolige Stecker auf der Seite einzuführen, auf der die Signallampe leuchtet. Der zweipolige Stecker ist dann in die Steckvorrichtung einer auf das gleiche Sammelschienensystem bereits arbeitenden Maschine einzuführen. Es müssen dann über den Steckern gleichfarbige Signallampen brennen. Sollen dagegen verschiedene Sammelschienensysteme parallel geschaltet werden, so vergleicht man eine auf das eine Sammelschienensystem bereits arbeitende Maschine mit einer auf das andere Sammelschienensystem arbeitenden Maschine. Man führt den einpoligen Stecker dann bei der Maschine ein, die man regulieren will und den zwei-

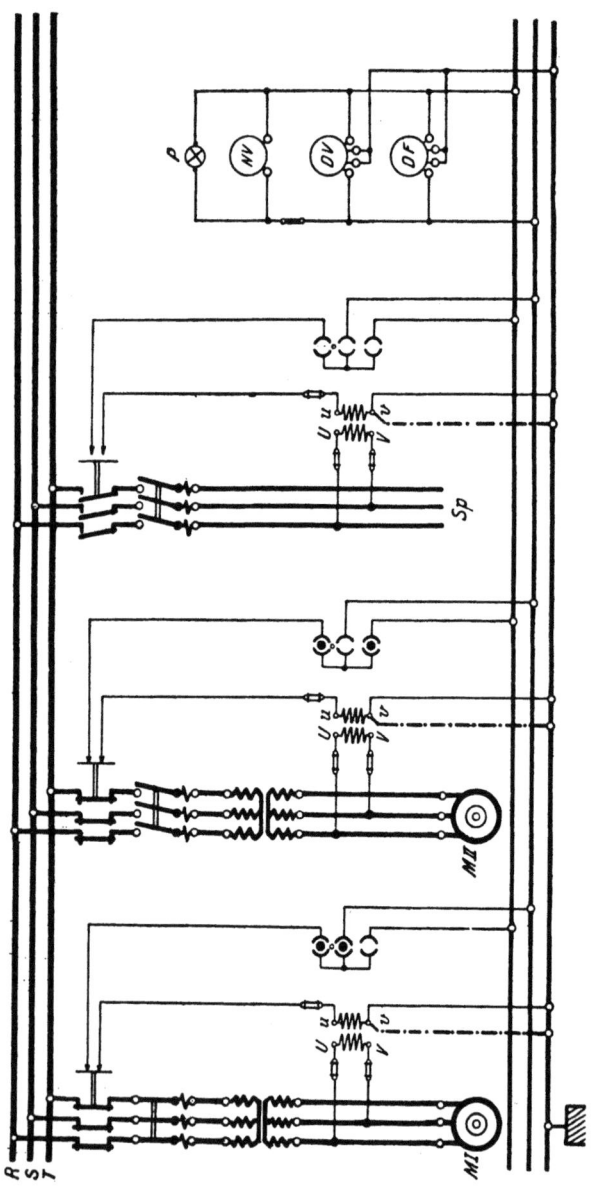

Für die Bedienung der Schaltung ist 1 kurzer zweipoliger Stecker mit Sperrstift und 1 langer zweipoliger Stecker erforderlich. Der kurze Stecker wird in die Steckeinrichtung einer bereits laufenden, der lange in die der zuzuschaltenden Maschine eingeführt.

Schaltbild 18. Phasenvergleichung zwischen Generator und Generator. Schaltung mit Nullspannungsmesser und Phasenlampe in Dunkelschaltung. (Bild 80.)

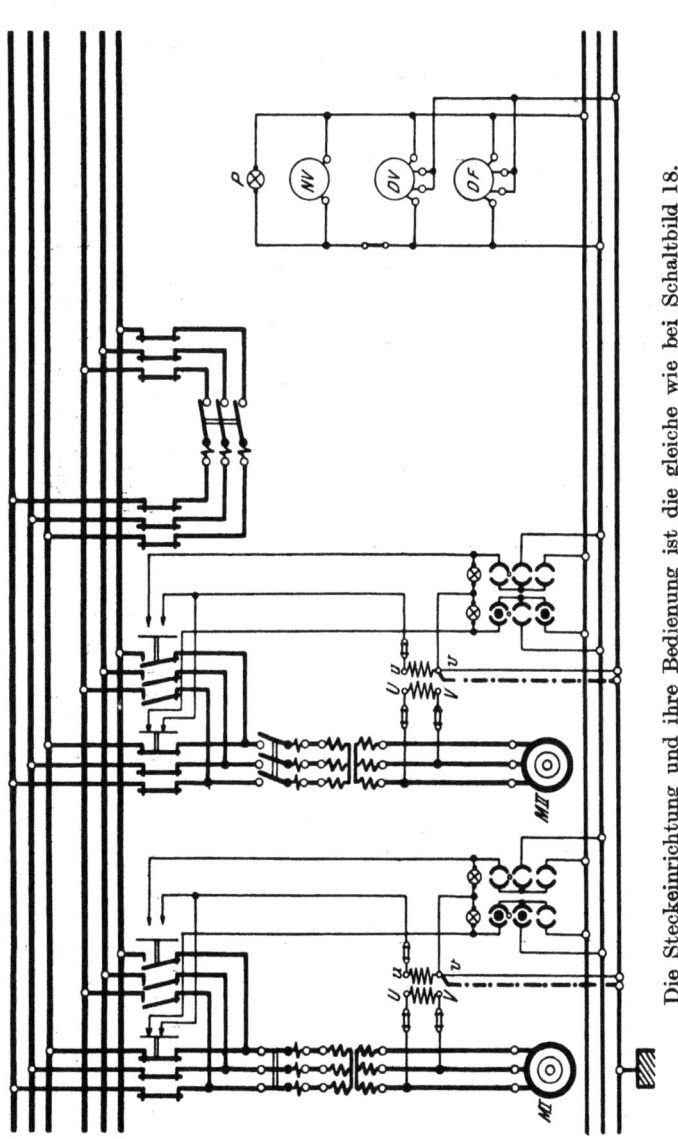

Die Steckeinrichtung und ihre Bedienung ist die gleiche wie bei Schaltbild 18.

Schaltbild 19. Phasenvergleichung zwischen Generator und Generator. Schaltung mit Nullspannungsmesser und Phasenlampe in Dunkelschaltung; für Doppelsammelschienen. (Bild 81.)

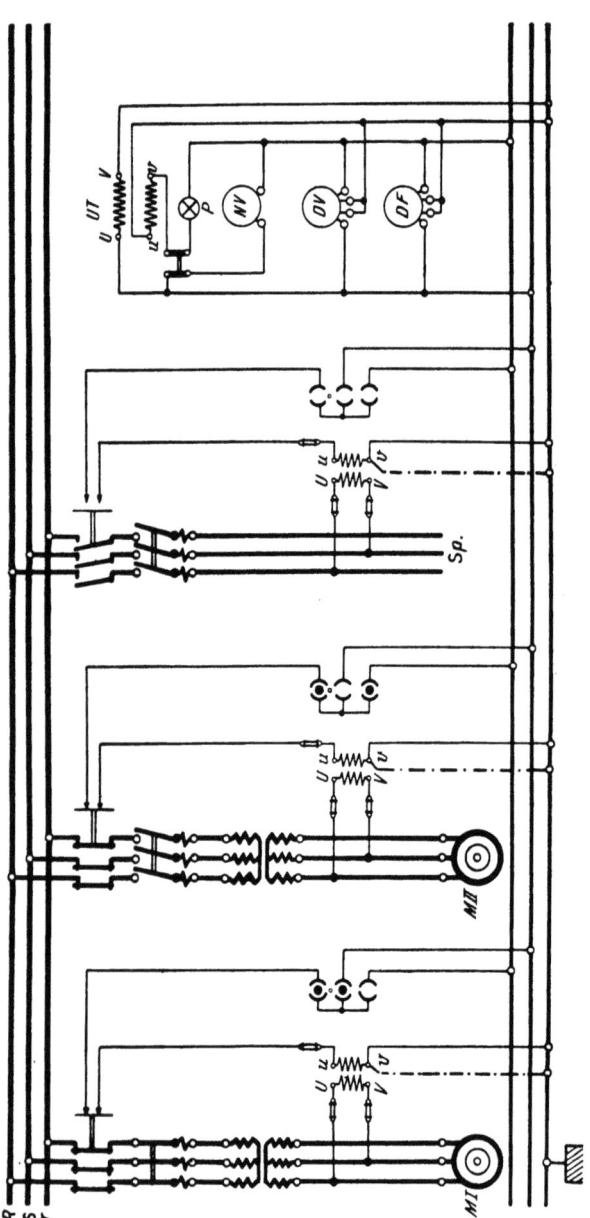

Für die Bedienung der Schaltung ist 1 kurzer zweipoliger Stecker mit Sperrstift und 1 langer zweipoliger Stecker erforderlich. Der kurze Stecker wird in die Steckeinrichtung einer bereits laufenden, der lange in die der zuzuschaltenden Maschine eingeführt.

Schaltbild 20. Phasenvergleichung zwischen Generator und Generator. Gemischte Schaltung mit Nullspannungsmesser und Phasenlampe in Hellschaltung. (Bild 82.)

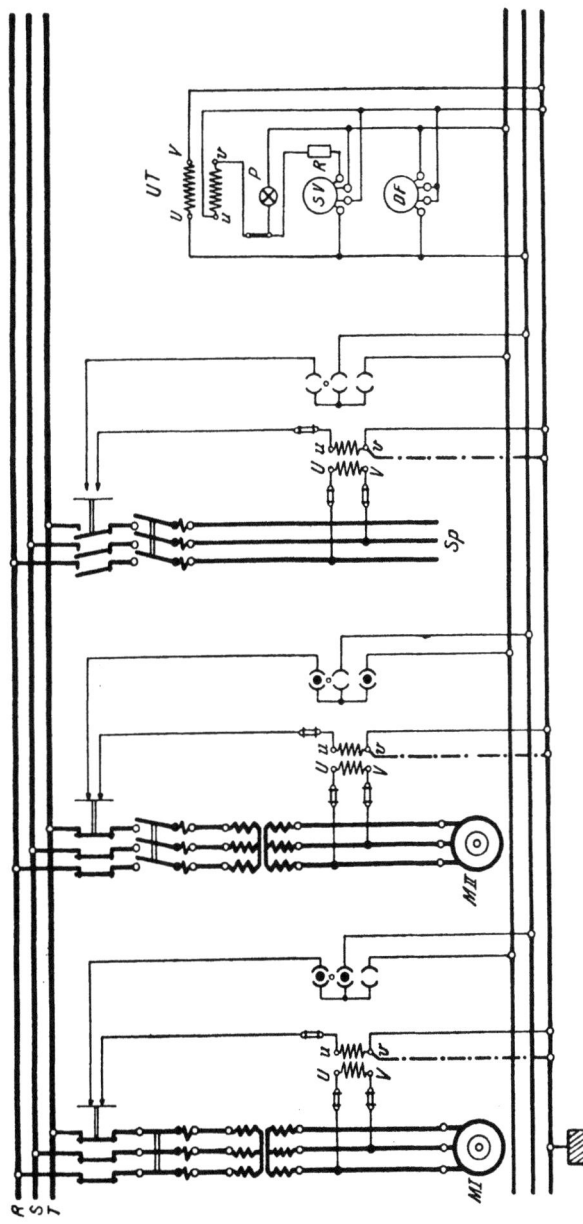

Für die Bedienung der Schaltung ist 1 kurzer zweipoliger Stecker mit Sperrstift und 1 langer zweipoliger Stecker erforderlich. Der kurze Stecker wird in die Steckeinrichtung einer bereits laufenden, der lange in die der zuzuschaltenden Maschine eingeführt.

Schaltbild 21. Phasenvergleichung zwischen Generator und Generator. Umkehrschaltung mit Summenspannungsmesser und Phasenlampe in Hellschaltung. (Bild 83.)

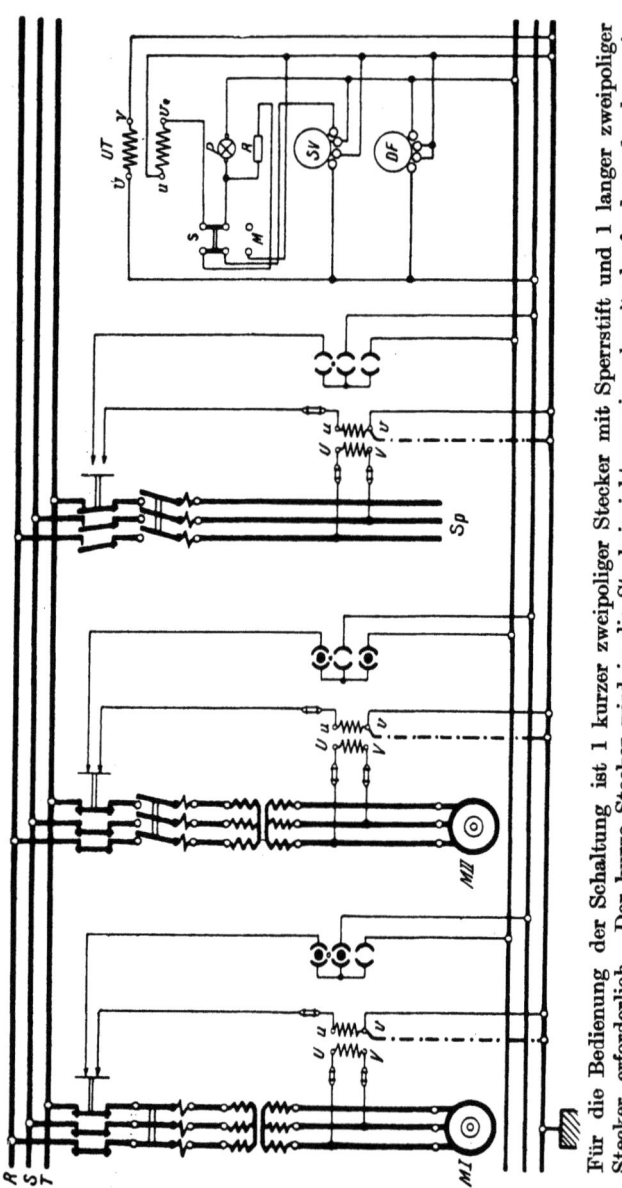

Für die Bedienung der Schaltung ist 1 kurzer zweipoliger Stecker mit Sperrstift und 1 langer zweipoliger Stecker erforderlich. Der kurze Stecker wird in die Steckeinrichtung einer bereits laufenden, der lange in die der zuzuschaltenden Maschine eingeführt.

Schaltbild 22. Phasenvergleichung zwischen Generator und Generator. Umkehrschaltung mit umschaltbarem Summenspannungsmesser und Phasenlampe in Hellschaltung. (Bild 84.)

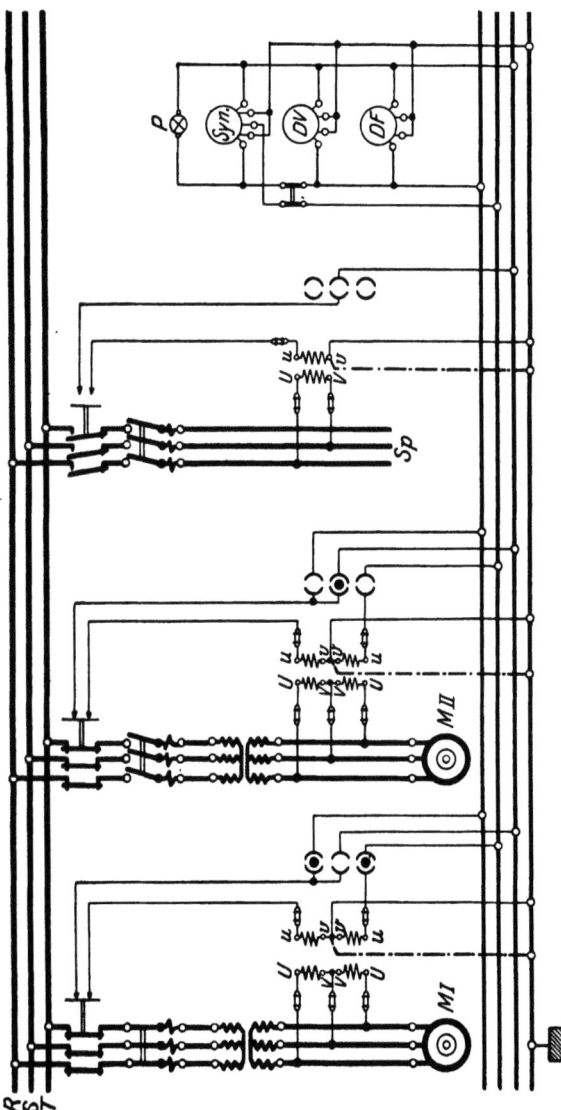

Für die Bedienung der Schaltung ist 1 langer zweipoliger und 1 einpoliger Stecker erforderlich. Der zweipolige Stecker wird in die Steckeinrichtung einer bereits laufenden, der einpolige in die der zuzuschaltenden Maschine eingeführt.

Schaltbild 23. Phasenvergleichung zwischen Generator und Generator. Schaltung mit Synchronoskop und Phasenlampe in Dunkelschaltung. (Bild 85.)

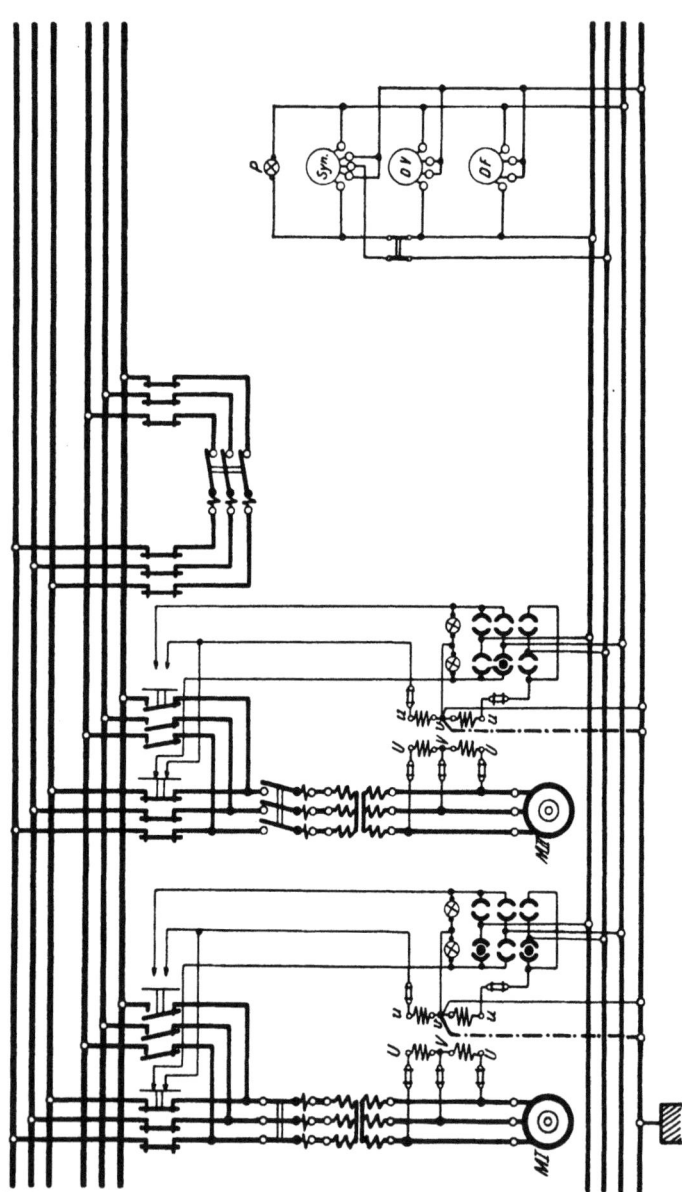

Die Steckeinrichtung und ihre Bedienung ist die gleiche wie bei Schaltbild 23.

Schaltbild 24. Phasenvergleichung zwischen Generator und Generator. Schaltung mit Synchronoskop und Phasenlampe in Dunkelschaltung; für Doppelsammelschienen. (Bild 86.)

95

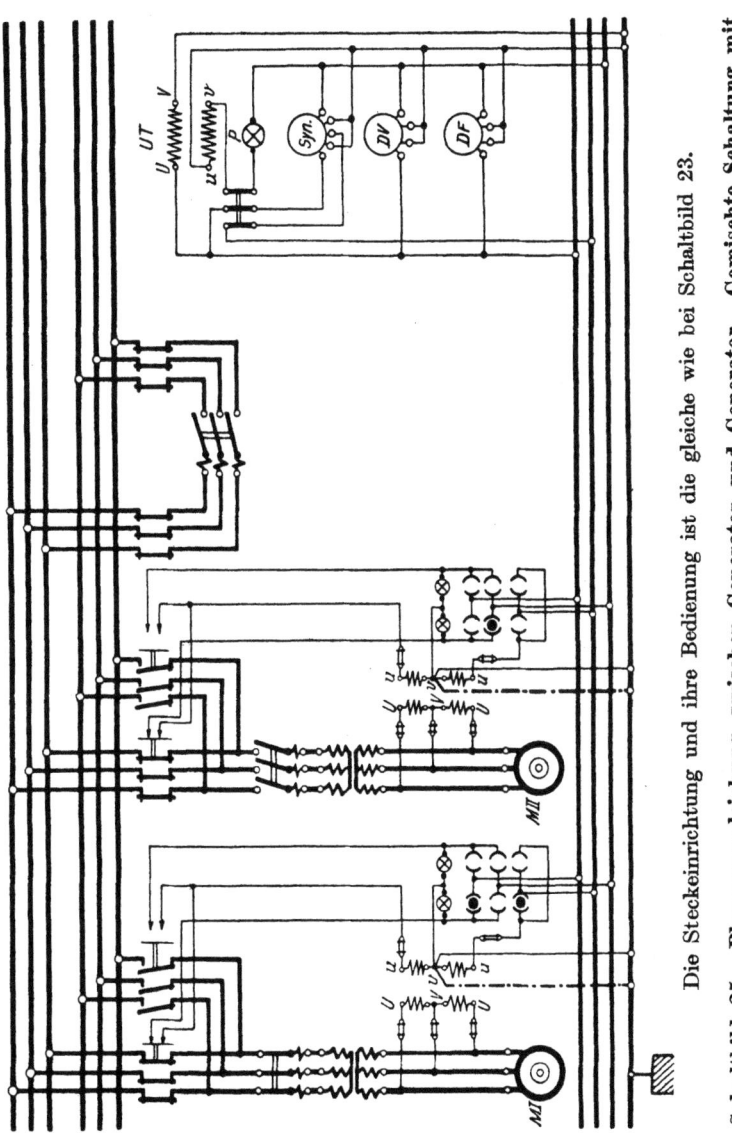

Die Steckeinrichtung und ihre Bedienung ist die gleiche wie bei Schaltbild 23.

Schaltbild 25. Phasenvergleichung zwischen Generator und Generator. Gemischte Schaltung mit Synchronoskop und Phasenlampe in Hellschaltung; für Doppelsammelschienen. (Bild 87.)

poligen Stecker bei einer anderen Maschine, die unverändert weiterlaufen soll. Es müssen dann beim Synchronisieren verschiedenfarbige Lampen über den Steckern brennen. Für etwaige von einem fremden Kraftwerk kommende Speiseleitungen gilt das gleiche wie bei Schaltbild 23.

Schaltbild 25 unterscheidet sich von Schaltbild 24 dadurch, daß die Phasenlampe in Hellschaltung arbeitet. Dies ist durch Zwischenschaltung des auf S. 12 ausführlich beschriebenen Umkehrtransformators erreicht. Die Phasenlampe leuchtet bei dieser Schaltung stets dann auf, wenn der Zeiger des Synchronoskops sich der der Phasengleichheit entsprechenden senkrechten Stellung nähert. Sie gibt demnach durch ihr Aufleuchten im rechten Augenblick ein Signal und erleichtert auf diese Weise das Parallelschalten. Auch wird die Betriebssicherheit der Parallelschalteinrichtung wesentlich erhöht, da das Achtungssignal nur bei störungsfreiem Arbeiten der Einrichtung erfolgt.

4. Phasenvergleichung an den Schalterkontakten.

a. Dunkelschaltung mit Nullspannungsmesser.

Schaltbild 26 zeigt eine indirekte Schaltung mit Nullspannungsmesser und Phasenlampe in Dunkelschaltung für Anlagen mit Doppelsammelschienen. Der Nullspannungsmesser und die Phasenlampe sind für die doppelte Sekundärspannung der Spannungswandler, also für 2×110 Volt, zu bemessen. Die Schaltungen für die einzelnen Maschinensätze sind bei dieser Schaltung besonders einfach, da sie vollkommen unabhängig von den jeweiligen Stellungen der Trennschalter sind. Dabei wird die gleiche Sicherheit wie bei den bisher beschriebenen anderen Schaltungen für Doppelsammelschienen erreicht. Da die Phasenvergleichung unmittelbar an dem die Parallelschaltung vollziehenden Maschinenschalter erfolgt und dieser stets unmittelbar an die Sammelschienen angeschlossen ist, sind alle Spannungswandler für die volle Sammelschienenspannung zu bemessen. Für die Bedienung der ganzen Anlage ist nur ein zweipoliger Stecker erforderlich. Bei der Inbetriebsetzung einer Maschine wird dieser Stecker in die zu dieser Maschine gehörige Steckvorrichtung eingeführt. Für die Parallelschaltung der Sammelschienensysteme müssen auf beiden Seiten des Kuppelungsschalters besondere Spannungswandler mit einer besonderen Steckvorrichtung vorgesehen werden. Die Parallelschaltung der Sammelschienen vollzieht sich dann in der Weise, daß der Stecker in die zum Kuppelungsschalter gehörige Steckvorrichtung eingeführt wird. Die Schaltung etwaiger, von fremden Kraftwerken kommenden Speiseleitungen ist ebenso wie die Schaltung der einzelnen Maschinensätze auszuführen.

b. Gemischte Schaltung mit Nullspannungsmesser und Umkehrtransformator für die Phasenlampe.

Schaltbild 27 unterscheidet sich von 26 nur durch den Einbau des auf S. 12 beschriebenen Umkehrtransformators für die Phasenlampe. Die Phasenlampe liegt demnach hierbei in Hellschaltung und gibt somit durch ihr Aufleuchten das Achtungssignal zum Parallelschalten. Da dies Achtungssignal nur bei vollkommen ordnungsgemäßen Arbeiten der Parallelschalteinrichtung erfolgen kann, wird hierdurch die Betriebssicherheit der Einrichtung gegenüber der reinen Dunkelschaltung wesentlich erhöht.

c. Umkehrschaltung mit Summenspannungsmesser.

Schaltbild 28 zeigt eine indirekte Schaltung mit Summenspannungsmesser und Phasenlampe für Hellschaltung. Die Maschinenschaltung ist genau die gleiche wie bei Schaltbild 26. Die Maschinen und Sammelschienen sind demnach gleichpolig, also in Dunkelschaltung auf die Hilfssammelschienen geschaltet. Die Meßeinrichtung dagegen arbeitet unter Verwendung eines Umkehrtransformators in Hellschaltung (vgl. S. 13). Sind keine besonderen Maschinenspannungsmesser vorhanden, so kann der Summenspannungsmesser in der gleichen Weise wie bei Schaltbild 22 auf S. 92 angegeben umgeschaltet werden.

d. Schaltungen mit Synchronoskop.

Schaltbild 29 zeigt die indirekte Schaltung mit Siemens-Synchronoskop und Phasenlampe für Dunkelschaltung bei Anlagen mit Doppelsammelschienen. Das Synchronoskop ist für 110 Volt, die Phasenlampe für 2×110 Volt zu bemessen. Die Schaltungen für die einzelnen Maschinensätze sind ebenso wie bei den vorhergehenden Schaltbildern 26—28 vollkommen unabhängig von der jeweiligen Stellung der Trennschalter und daher besonders einfach. Alle Spannungswandler sind bei dieser Schal-

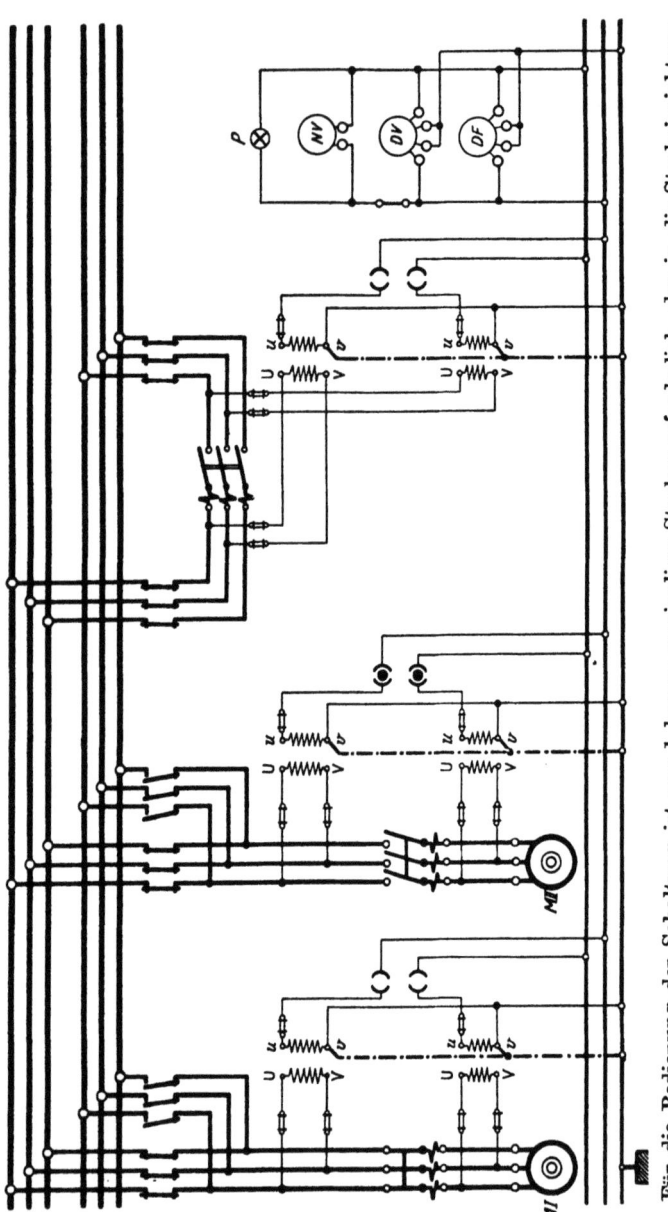

Für die Bedienung der Schaltung ist nur 1 kurzer zweipoliger Stecker erforderlich, der in die Steckeinrichtung der zuzuschaltenden Maschine eingeführt wird.

Schaltbild 26. Phasenvergleichung an den Schalterkontakten. Schaltung mit Nullspannungsmesser und Phasenlampe in Dunkelschaltung; für Doppelsammelschienen. (Bild 88.)

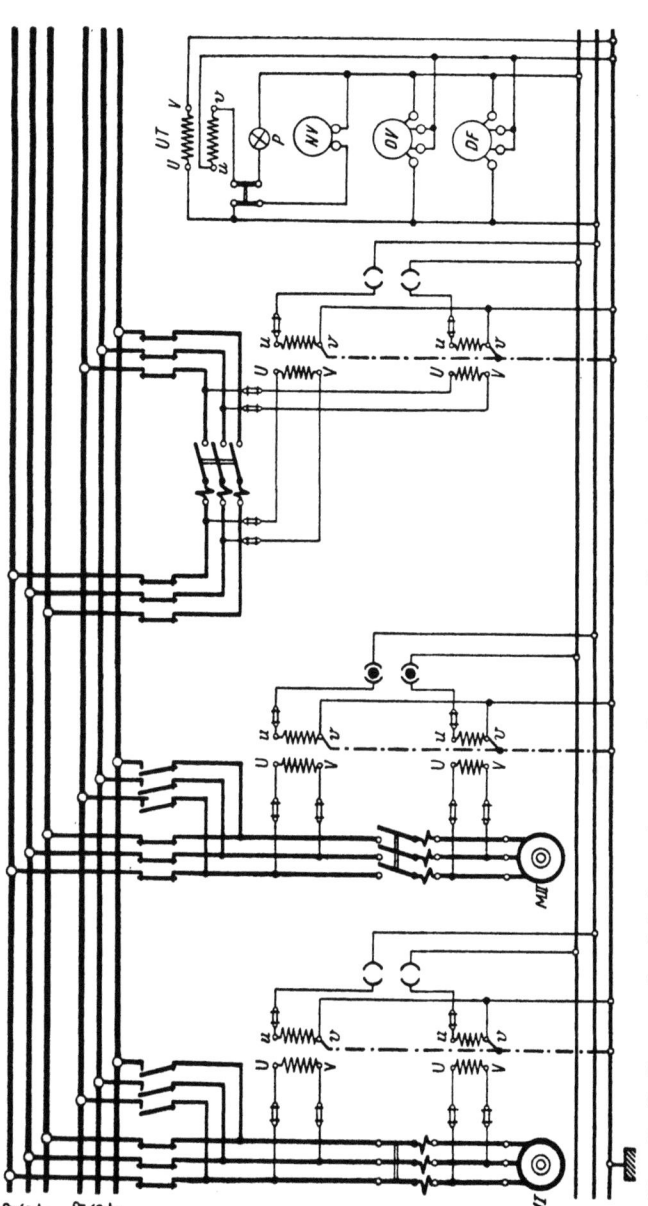

Für die Bedienung der Schaltung ist nur 1 kurzer zweipoliger Stecker erforderlich, der in die Steckeinrichtung der zuzuschaltenden Maschine eingeführt wird.

Schaltbild 27. Phasenvergleichung an den Schalterkontakten. Gemischte Schaltung mit Nullspannungsmesser und Phasenlampe in Hellschaltung; für Doppelsammelschienen. (Bild 89.)

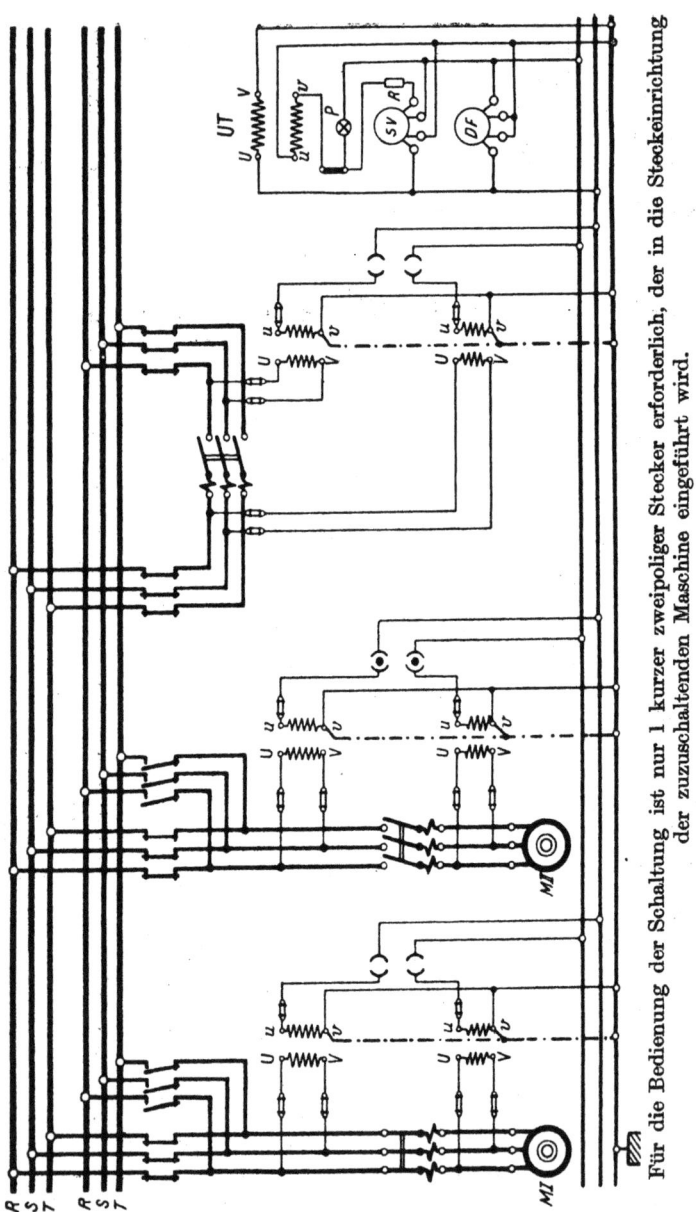

Schaltbild 28. Phasenvergleichung an den Schalterkontakten. Umkehrschaltung mit Summenspannungsmesser und Phasenlampe in Hellschaltung; für Doppelsammelschienen. (Bild 90.)

Für die Bedienung der Schaltung ist nur 1 kurzer zweipoliger Stecker erforderlich, der in die Steckeinrichtung der zuzuschaltenden Maschine eingeführt wird.

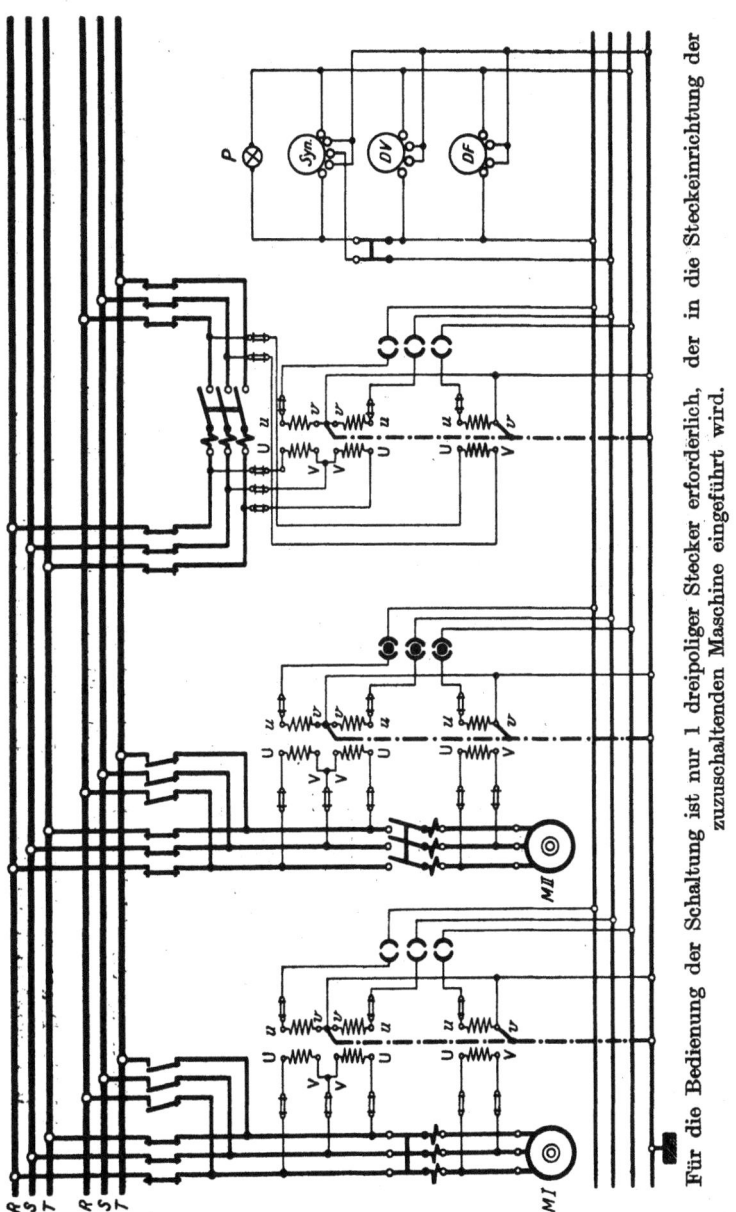

Für die Bedienung der Schaltung ist nur 1 dreipoliger Stecker erforderlich, der in die Steckeinrichtung der zuzuschaltenden Maschine eingeführt wird.

Schaltbild 29. Phasenvergleichung an den Schalterkontakten. Schaltung mit Synchronoskop und Phasenlampe in Dunkelschaltung; für Doppelsammelschienen. (Bild 91.)

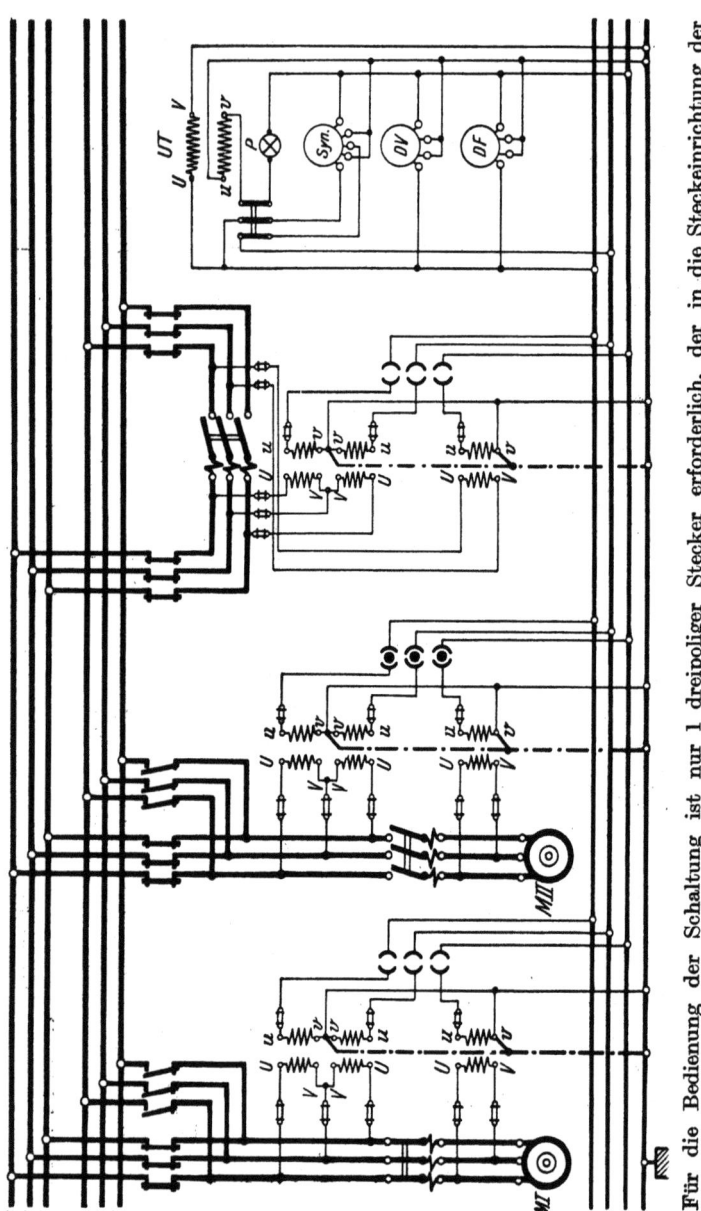

Für die Bedienung der Schaltung ist nur 1 dreipoliger Stecker erforderlich, der in die Steckeinrichtung der zuzuschaltenden Maschine eingeführt wird.

Schaltbild 30. Phasenvergleichung an den Schalterkontakten. Gemischte Schaltung mit Synchronoskop und Umkehrtransformator für die Phasenlampe; für Doppelsammelschienen. (Bild 92.)

Phasenvergleichung an den Schalterkontakten. 103

tung ebenfalls für die volle Sammelschienenspannung zu bemessen, da die Maschinenschalter stets unmittelbar, ohne Zwischenschaltung von Transformatoren, an den Sammelschienen liegen. Zur Bedienung der ganzen Anlage ist ein dreipoliger Stecker erforderlich. Soll eine Maschine in Betrieb genommen werden, so wird dieser Stecker in die zu der Maschine gehörige Steckvorrichtung eingeführt. Für das Synchronisieren der Sammelschienen sind besondere, auf beiden Seiten des Kuppelungsschalters liegende Spannungswandler mit einer zugehörigen Steckvorrichtung erforderlich. Die Drehstrom-Spannungswandler schließt man hierbei zweckmäßig an das Sammelschienensystem an, an dem betriebsmäßig stets mehrere Maschinen laufen, während man den Einphasen-Spannungswandler an das weniger belastete Sammelschienensystem anschließt. Man regelt dann beim Synchronisieren stets die an dem weniger belasteten Sammelschienensystem laufende einzelne Maschine. Etwaige von fremden Kraftwerken kommende Speiseleitungen werden in gleicher Weise wie die einzelnen Maschinen geschaltet.

Schaltbild 30 unterscheidet sich von Schaltbild 29 nur durch den eingebauten Umkehrtransformator für die Phasenlampe. Die Phasenlampe arbeitet demgemäß in Hellschaltung. Sie leuchtet stets dann auf, wenn der Zeiger des Synchronoskops durch die dem Synchronismus entsprechende senkrechte Stellung hindurchgeht. Es wird demgemäß auch hier die Betriebssicherheit der Vorrichtung wesentlich erhöht, da das Achtungssignal durch die Phasenlampe nur bei vollkommen ordnungsgemäßen Arbeiten der Vorrichtung erfolgen kann.

e. Direkte Hochspannungsschaltung mit Meßkondensatoren.

Arbeiten zwei Kraftwerke, deren Sammelschienen nicht unmittelbar durch Speiseleitungen miteinander verbunden sind, auf ein gemeinsames Versorgungsgebiet, so muß die Parallschaltung draußen auf der Fernleitungsstrecke an einem Punkte, an dem sich die beiden Verteilungsnetze berühren, erfolgen. Da die Netze an diesen Schaltstellen im allgemeinen dauernd verbunden bleiben, und nur nach etwaigen Betriebsstörungen von neuem parallelgeschaltet werden, wird man für diese Schaltstellen nicht die teueren Einrichtungen mit Meßwandlern einbauen, zumal die Meßwandler in diesem Falle für die hohe Fernleitungsspannung,

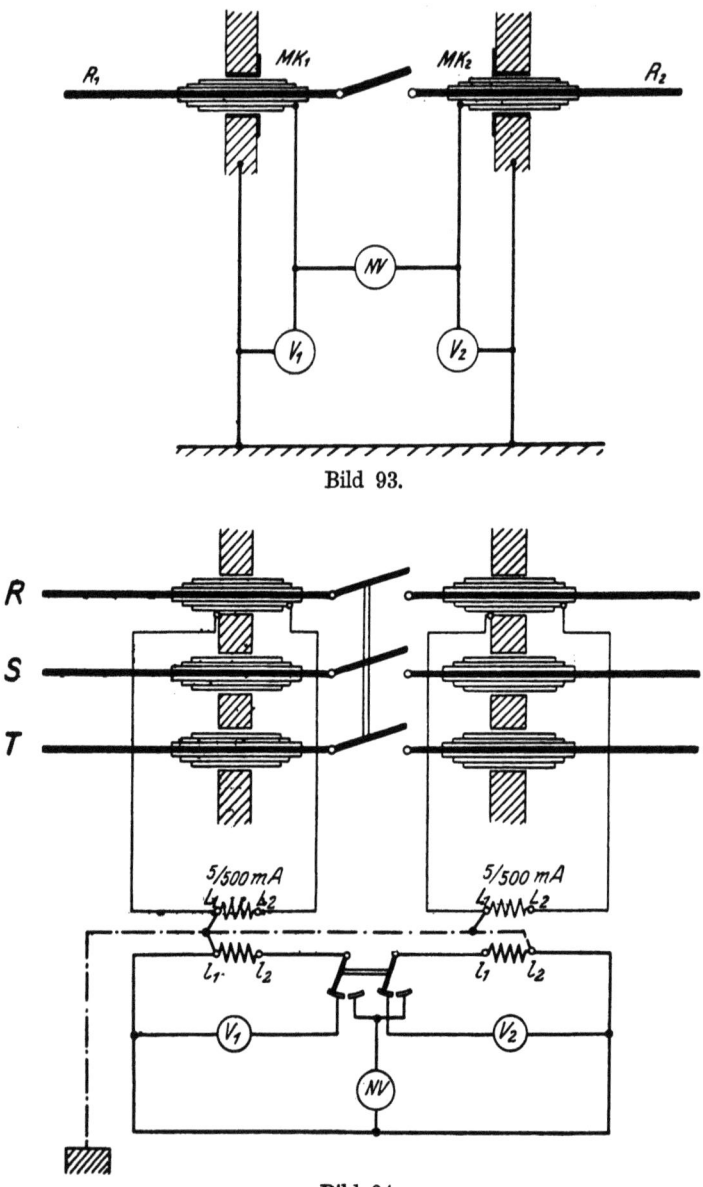

Bild 93.

Bild 94.

Tafel 20. Hochspannungs-Schaltungen mit Meßkondensatoren.

beispielsweise für 100 000 Volt, ausgeführt werden müßten. In Amerika werden in diesen Fällen elektrostatische Spannungsmesser, die an besondere Meßkondensatoren angeschlossen sind, verwendet. Die Instrumente sind hierbei nur für eine verhältnismäßig kleine, an den Meßkondensatoren abgegriffene Teilspannung bemessen. Den Siemens-Schuckert-Werken ist eine Schaltweise gesetzlich geschützt, bei der sich besondere Meßkondensatoren dadurch erübrigen, daß die als Durchführungskondensatoren ausgebildeten Durchführungsisolatoren des die Parallelschaltung vollziehenden Hochspannungsschalters als Meßkondensatoren benutzt werden. Die Schaltung wird hierbei aus Billigkeitsgründen meist nur einpolig ausgeführt, wie es das nebenstehende Prinzipschaltbild zeigt. In diesem sind R_1 und R_2 die zu verbindenden Hochspannungsleitungen und MK_1 und MK_2 die als Meßkondensatoren benutzten Durchführungskondensatoren des Hochspannungsschalters. Durch die Befestigungsstellen der Meßkondensatoren an der Wand des Schalthauses ist das Erdpotential der Meßschaltung gegeben, während durch zwei symmetrisch gelegene Zwischenbelege zwei Vergleichspotentiale geschaffen werden. Liegen diese auf gleicher Höhe, so zeigt der an sie angeschlossene Nullspannungsmesser die Spannung Null an. Es kann also parallelgeschaltet werden. Die Spannungen der beiden Zwischenbelege gegen Erde geben ein Maß für die auf beiden Seiten des Schalters bestehenden Netzspannungen. Sie werden durch die Spannungsmesser V_1 und V_2 gemessen.

Um die mechanisch sehr empfindlichen elektrostatischen Spannungsmesser ganz zu vermeiden, verwendet S. & H. neuerdings eine andere Schaltung. Bei dieser werden besondere Stromwandler benutzt, die von dem Kondensatorstrom durchflossen werden. Durch diese Stromwandler wird der sehr kleine Kondensatorstrom auf eine größere, meßbare Stromstärke hinauftransformiert, so daß man an Stelle der elektrostatischen Spannungsmesser Dreieisen-Instrumente benutzen kann. Da die Stromwandler sekundär stets geschlossen sein müssen, wird hierbei ein besonderer Umschalter ohne Stromunterbrechung benutzt. In der linken Schaltstellung werden die beiden Netzspannungen durch die Spannungsmesser V_1 und V_2 gemessen, während in der rechten Stellung des Schalters der Nullspannungsmesser angeschlossen ist. Das Parallelschalten mittels dieser Vorrichtung vollzieht sich anstandslos. Allerdings muß man, da man hierbei keine Regelvorrichtung für die parallelzuschaltenden Netze zur Verfügung hat, warten, bis ein günstiger Augenblick zufälligerweise eintritt. Dies kann unter Umständen stundenlang dauern, jedoch ist dieser Nachteil insofern nicht schwerwiegend, als die Parallelschaltung, wie bereits anfangs erwähnt, nur selten ausgeführt werden muß.

5. Besondere Maßnahmen bei verschiedenartig geschalteten Haupttransformatoren.

Solange die Maschinen eines Kraftwerkes unter sich parallel geschaltet werden sollen, entstehen durch die zwischen den Generatoren und Sammelschienen liegenden Haupttransformatoren für die Parallelschaltung keine Schwierigkeiten, da man in diesem Falle fast stets verlangen kann, daß die Haupttransformatoren aller Maschinen gleichartig geschaltet sind. Sollen jedoch verschiedene Kraftwerke untereinander parallel geschaltet werden, wie dies jetzt bei der Zusammenschließung der Kraftwerke zu Landesversorgungsnetzen erforderlich ist, so kann man nicht mehr voraussetzen, daß die Haupttransformatoren der von verschiedenen Firmen gebauten Kraftwerke alle gleich geschaltet sind. Man muß daher in diesem Falle bei den Parallelschaltvorrichtungen besondere Einrichtungen vorsehen, durch welche die durch die Schaltung der Haupttransformatoren verursachte Phasenverschiebung kompensiert wird. Um an Kosten zu sparen, wird man diese Einrichtungen stets so wählen, daß man in der von einem fremden Kraftwerk kommenden Hochspannungs-Speiseleitung nur einen einphasigen Spannungswandler braucht. Unter dieser Voraussetzung sind in den folgenden Abschnitten die für die verschiedenen Schaltarten der Haupttransformatoren von den Siemens-Schuckert-Werken angewandten Hilfsschaltungen entwickelt.

Schaltart A. Bei der auf Tafel 21 dargestellten Schaltart A ist die Primärwickelung und die Sekundärwickelung der Haupttransformatoren vollkommen gleichartig geschaltet. Es sind sowohl primär als sekundär die Anfänge der drei Wickelungen zum Sternpunkt verbunden, so daß die Vektordiagramme für die Primärwickelung und die Sekundärwickelung vollkommen gleich sind. Die für die Parallelschaltung benutzten verketteten Spannungen UV und uv sind daher in Phase. Aus diesem Grunde ist auch

Verschiedenartig geschaltete Haupttransformatoren. 107

für die Parallelschaltung keine besondere Maßnahme erforderlich, d. h. die Maschinen können ohne weiteres mit einer von einem fremden Kraftwerk kommenden Hochspannungs-Speiseleitung parallel geschaltet werden.

Schaltart B. Bei der auf Tafel 22 dargestellten Schaltart B ist auch primär und sekundär Sternschaltung angewandt, jedoch sind auf der Unterspannungsseite die Enden und auf der Oberspannungsseite die Anfänge der drei Wickelungen zum Sternpunkt vereinigt. Hieraus ergeben sich für die Unterspannungsseite und die Oberspannungsseite entgegengesetzte Richtungen der Einzelspannungen und damit auch der verketteten Spannungen. Die Oberspannung wirkt in der Richtung VU, während die Unterspannung um 180° verschoben ist und in der Richtung uv wirkt. Bei der Ausführung der Schaltung ist die dieser Phasenverschiebung entsprechende Vertauschung der beiden Leitungen infolge der vorhandenen Erdungsleitungen der Meßwandler nicht ohne weiteres möglich. Man schaltet daher einen im Verhältnis 1:1 übersetzenden Isoliertransformator dazwischen und vertauscht die Sekundäranschlüsse, wie es in Bild 104 gezeigt ist.

Schaltart C. Bei der auf Tafel 23 dargestellten Schaltart C ist die Oberspannungsseite der Haupttransformatoren im Dreieck geschaltet, während die Unterspannungsseite in Sternschaltung liegt. Auf der Unterspannungsseite sind die Enden der drei Wickelungen u_2, v_2, w_2 zum Sternpunkt verbunden. Die Einzelspannungen sind daher, wie das Diagramm zeigt, nach dem Sternpunkt hin gerichtet. Die verkettete Unterspannung wirkt im Sinne uv, während die entsprechende Oberspannung im Sinne VU wirkt. Außerdem sind die beiden Spannungen noch räumlich um einen Winkel von 30° gegeneinander verschoben. Man kann diesen Winkel mit Hilfe der anderen Drehstromspannung wu ausgleichen, indem man diese so an den Endpunkt u des Diagramms ansetzt, daß ein gleichschenkeliges Dreieck $vw'u'$ entsteht. Die Resultierende $u'v$ liegt dann parallel zur Oberspannung VU, wirkt jedoch in entgegengesetzter Richtung. Die diesem Diagramm entsprechende Hilfsschaltung ist in Bild 109 dargestellt. Es sind hierbei zwei Hilfstransformatoren benutzt, die im Verhältnis 110:63,5 übersetzen. Der für beide Hilfstransformatoren gemeinsame Punkt u ist in die Mitte verlegt, so daß der linke Hilfstransformator der Spannung vu und der rechte Hilfstransformator der

108

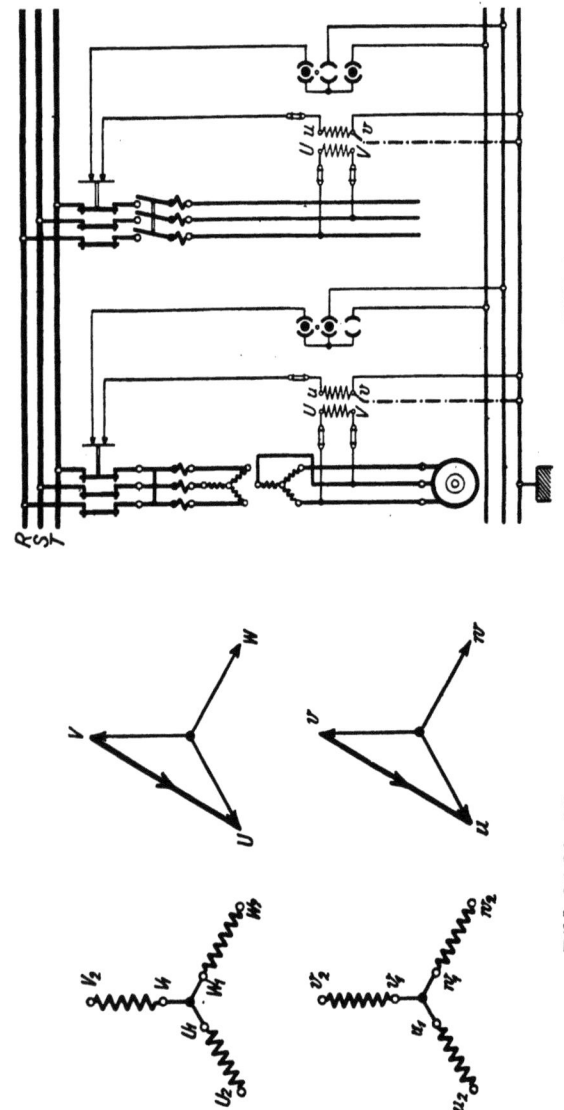

Bild 95 bis 98. Bild 99.

Tafel 21. Schaltung der Haupttransformatoren nach Schaltart A.

109

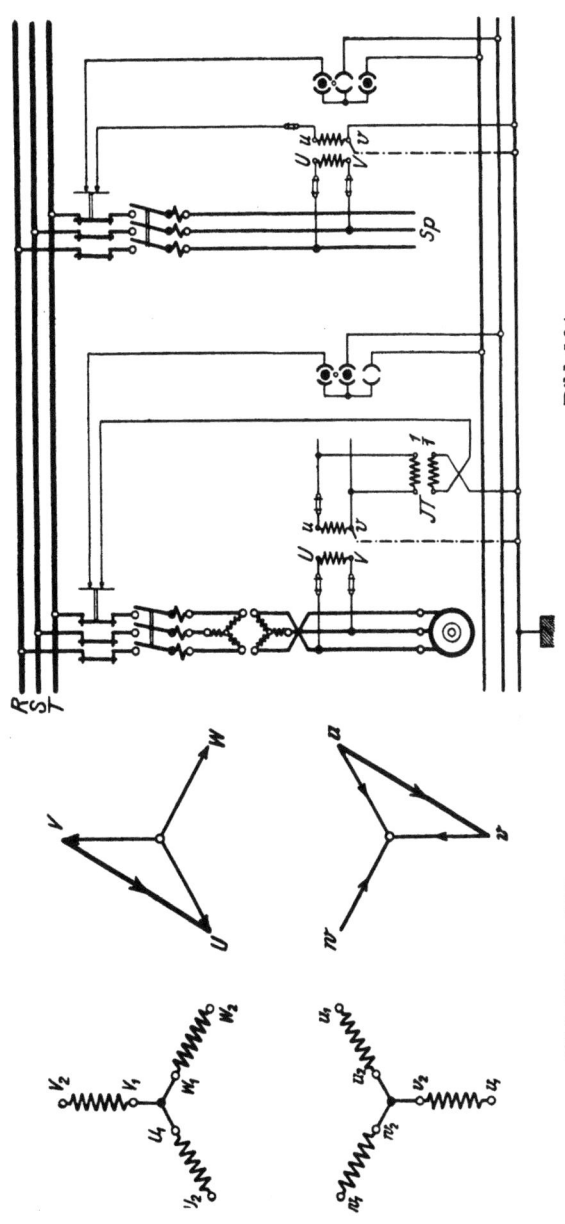

Bild 104.

Bild 100 bis 103.

Tafel 22. Schaltung der Haupttransformatoren nach Schaltart B.

110

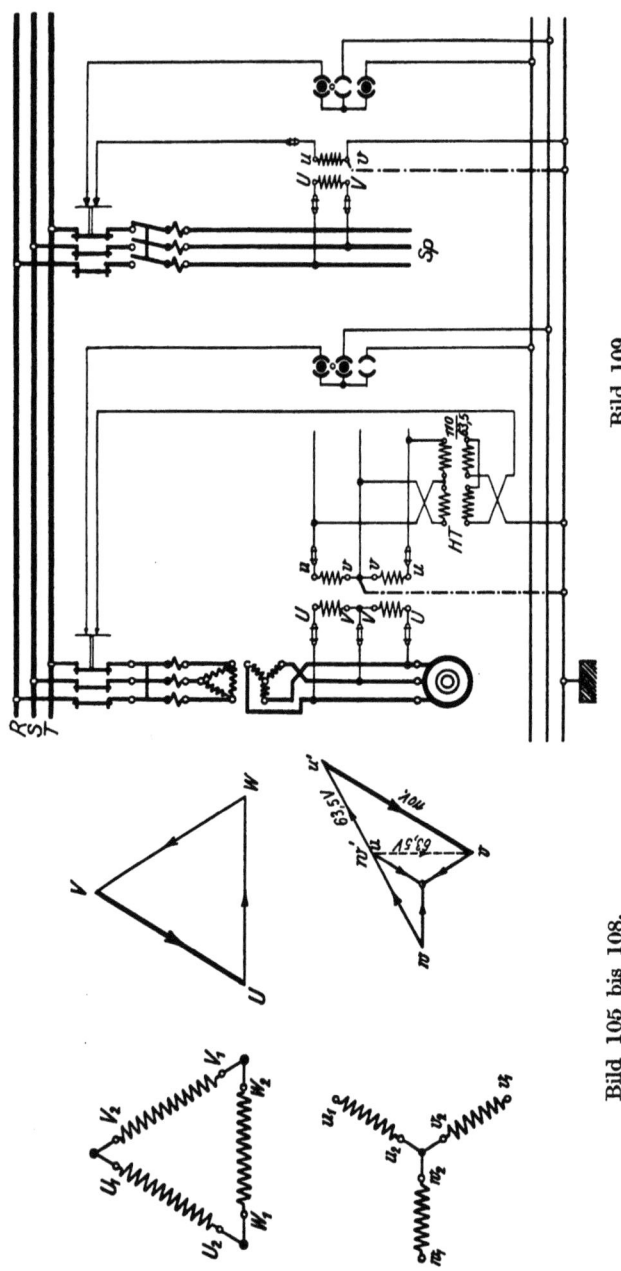

Bild 109.

Bild 105 bis 108.

Tafel 23. Schaltung der Haupttransformatoren nach Schaltart C.

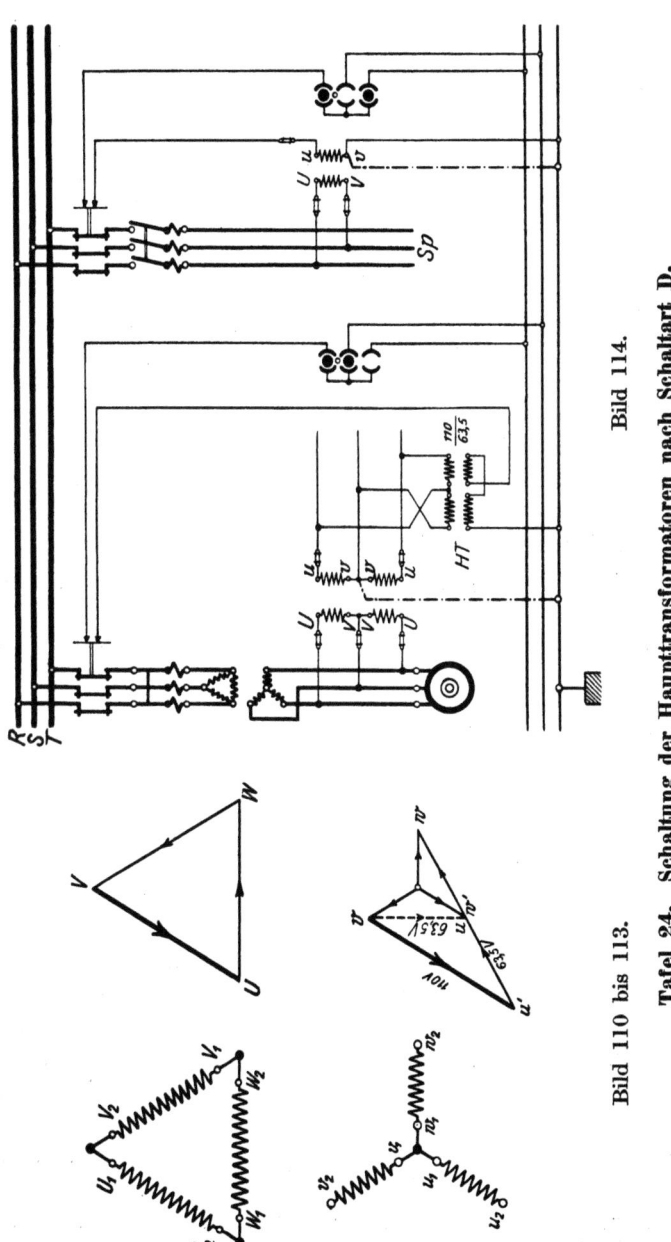

Bild 114.

Bild 110 bis 113.

Tafel 24. Schaltung der Haupttransformatoren nach Schaltart D.

Spannung uw entspricht. Da aber nach dem Diagramm an den Punkt u die entgegengesetzt gerichtete Spannung $w'u'$ anzulegen ist, müssen auf der Sekundärseite des rechten Hilfstransformators die Enden vertauscht werden. Die auf diese Weise entstehende Summenspannung ist dann, wie das Diagramm ebenfalls zeigt, noch um 180° gegen die Oberspannung VU verschoben, die Enden müssen daher nochmals vertauscht werden.

Schaltart D. Die auf Tafel 24 dargestellte Schaltart D unterscheidet sich von Schaltart C dadurch, daß auf der Unterspannungsseite nicht die Enden, sondern die Anfänge der drei Wickelungen zum Sternpunkt verbunden sind. Die verkettete Unterspannung wirkt daher ebenso wie die Oberspannung im Sinne von v nach u, sie ist jedoch gegen VU noch um 30° verschoben. Man kann auch hier diese Verschiebung mittels der anderen Drehstromspannung uw kompensieren, indem man diese an den Punkt u des Diagramms ansetzt, so daß das gleichschenkelige Dreieck vuu' entsteht. Die resultierende Spannung vu' ist dann parallel und gleichgerichtet mit der Oberspannung VU. Die diesem Diagramm entsprechende Schaltung ist in Bild 114 dargestellt. Es werden wieder zwei im Verhältnis 110 : 63,5 übersetzende Hilfstransformatoren benutzt, die primär so geschaltet werden, daß der Punkt u für beide Transformatoren gemeinsam ist. Der rechte Hilfstransformator liegt dann mit seiner Primärseite an der Spannung uw. Da aber nach dem Diagramm an den Punkt u die Spannung $w'u'$ angelegt werden soll, ist noch eine Vertauschung der Pole erforderlich, die durch Vertauschen der Wickelungsenden der Sekundärwickelung vorgenommen wird. Die auf diese Weise entstehende Summenspannung ist dann direkt phasengleich mit der Oberspannung VU.

Soll die im Kraftwerk einmal vorhandene Parallelschalteinrichtung der Maschinen nicht geändert werden, so muß die für die Parallelschaltung erforderliche Phasenkorrektion an der Speiseleitung vorgenommen werden. Die hierzu erforderlichen Schaltungen der Spannungswandler sind den vorher beschriebenen Schaltungen vollkommen analog. Es müssen daher in diesem Falle für die Speiseleitung zwei für die Hochspannung bemessene Spannungswandler vorgesehen werden. Man kann dann jedoch auf die zusätzliche Kunstschaltung verzichten, indem man die Parallelschaltung nach Bild 115 unmittelbar an den Schalter-

Verschiedenartig geschaltete Haupttransformatoren. 113

kontakten vornimmt. Die Steckeinrichtungen der Speiseleitung können hierbei, wie es im Schaltbild gezeigt ist, genau so ausgebildet sein, wie die der einzelnen Maschinen, so daß das Parallelschalten genau in der gleichen Weise wie bei den einzelnen Maschinen vorgenommen wird.

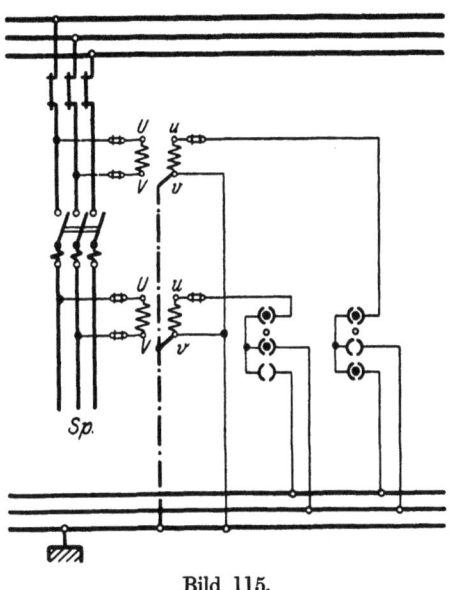

Bild 115.

Der an die Hilfssammelschienen anzuschließende Instrumentsatz kann bei allen vorstehend beschriebenen Schaltungen beliebig nach den Schaltbildern 18—22 gewählt werden.

V. Einrichtungen zum selbsttätigen Parallelschalten.

a. Anwendungsgebiete.

Je größer die parallel zu schaltenden Maschinen sind, mit um so größerer Sorgfalt muß das Parallelschalten erfolgen, da mit der Leistung der Maschineneinheiten auch die Energie der Ausgleichströme anwächst. Die bei ungenauem Parallelschalten entstehenden Ausgleichströme werden naturgemäß um so größer, je größer die durch sie zu beschleunigenden bzw. zu verzögernden Massen sind. Bei Maschinen mit großen Schwungmassen können daher die Ausgleichströme so groß werden, daß sie den Betrieb der bereits laufenden Maschinen stören. Diese Störungen sind, wie wir früher gesehen haben, teils mechanischer, teils elektrischer Natur. Die durch Phasenverschiedenheit verursachten Ausgleichströme wirken mechanisch auf die Maschine zurück und suchen sie mit einem Ruck in die der Phasengleichheit entsprechende Stellung zu bringen. Hierbei werden nicht nur die umlaufenden Teile der Maschine mechanisch sehr stark beansprucht, sondern auch die Wickelungen, so stark, daß sich die Spulenköpfe unter Umständen verbiegen. Etwaige Spannungsdifferenzen beim Parallelschalten geben dagegen im wesentlichen nur elektrische Rückwirkungen. Sie verursachen einesteils Spannungsschwankungen im Netz während des Parallelschaltens, andernteils aber entstehen beim Einlegen des Hauptschalters durch das plötzliche Kurzschließen der Differenzspannungen zwischen Netz und zuzuschaltender Maschine häufig elektrische Sprungwellen, die die Isolation der ersten Spulen der Maschinenwickelungen beanspruchen. Alle diese Störungen können nur bei ganz sorgfältigem Parallelschalten vermieden werden. Die Anforderungen, die hierdurch an den Schalttafelwärter gestellt werden, werden noch größer, wenn noch die weitere Forderung hinzutritt, daß etwaige Ausgleichströme nicht dem Netz entnommen, sondern von der zuzuschaltenden Maschine ins Netz hineingeliefert werden. Diese Forderung ist insofern berechtigt, als in den meisten Fällen das Netz schon stark belastet ist, ehe eine weitere Maschine in Betrieb genommen wird. Ein derartig stark belastetes Netz würde aber die zusätzliche Stoßbelastung einer schlecht parallelgeschalteten, als Motor laufenden Maschine nicht mehr aushalten. Um es zu erreichen, daß die zugeschaltete Maschine sofort nach dem

Einschalten als Generator Last aufnimmt, muß man so parallelschalten, daß diese Maschine etwas übersynchron läuft, daß also ihre Frequenz etwas höher ist als die des Netzes (vgl. S. 5). Dies läßt sich allerdings nur bei verhältnismäßig ruhig laufenden Maschinen erreichen. Bei Generatoren, die von Gasmaschinen angetrieben werden und die bei Leerlauf meistens sehr unruhig laufen, muß man zufrieden sein, wenn man die Maschinen überhaupt einigermaßen sicher parallelschalten kann. Die Zeitpunkte, die für das Parallelschalten geeignet sind, treten dann so kurzzeitig auf, daß man schlechterdings keine weiteren Bedingungen an das Parallelschalten stellen kann, als daß die Maschinen ohne allzu derbe Stöße in Tritt kommen.

Bei der Schwierigkeit dieser Betriebsverhältnisse ist es wünschenswert, bei großen wertvollen Maschinen von der mehr oder minder großen Geschicklichkeit des Schalttafelwärters unabhängig zu werden. Man hat daher selbsttätige Apparate geschaffen, die unbeeinflußt von äußeren Nebenumständen fehlerlos den richtigen Zeitpunkt für das Parallelschalten wählen, ohne ihn jemals zu verpassen. Es würde zu weit führen, an dieser Stelle alle bekannten derartigen Einrichtungen zu besprechen, zumal diese als Spezialeinrichtungen nur für besondere Fälle in Frage kommen. Als besonders charakteristisches Beispiel ist im nachstehenden eine von Dr. Michalke angegebene selbsttätige Parallelschalteinrichtung der Siemens-Schuckert-Werke eingehend beschrieben.

b. Prinzip des Schaltmotors.

Der Hauptteil der selbsttätigen Parallelschaltvorrichtung der S. S. W. ist ein kleiner asynchroner Drehstrommotor mit offener Wickelung im Ständer und kurzgeschlossener Einphasenwickelung im Läufer. Die Schaltung ergibt sich aus dem nachstehenden Schaltbild. Sie ist im Prinzip die gleiche wie die des auf S. 32 beschriebenen Lampenapparates, nur sind an die Stelle der Glühlampen die drei Wickelungsabteilungen des Ständers getreten. Die Wirkungsweise der Schaltung folgt aus den Diagrammbildern auf S. 117. In diesen Bildern stellt der Stern $E_1 E_2 E_3$ die Sternspannungen des Netzes und $E_1' E_2' E_3'$ die entsprechenden Sternspannungen der zuzuschaltenden Maschine dar. Die Phasenverschiebung zwischen diesen beiden Spannungssystemen ist durch den Winkel φ bezeichnet. Die in den einzelnen Wickelungen des Ständers auftretenden Spannungen sind durch die resultierenden Spannungen gegeben. Allerdings muß hierbei beachtet werden, daß die räumlich gleichgerichteten Spannungen elektrisch um 180° verschoben sind, so daß tatsächlich die Differenz dieser Spannungen in den Wickelungen zur Wirkung kommt. Demgemäß würde an der einen Wickelung, die an gleichnamigen Polen angeschlossen ist, eine Spannung wirken, die durch E_2-E_2' dar-

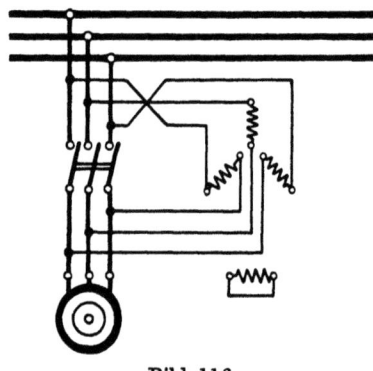

Bild 116.

gestellt wird. An den beiden anderen Wickelungen, die an vertauschten Polen liegen, würden die beiden Spannungen E_1-E_3' und E_3-E_1' wirken. Diese drei resultierenden Spannungen sind, wie aus den Diagrammbildern ersichtlich, in jedem Falle parallel zueinander. Die in den Wickelungen fließenden Ströme und demgemäß auch das erzeugte magnetische Feld stehen senkrecht auf diesen Spannungen. Das Feld ist im Diagramm durch den Pfeil F angedeutet. Dieses im Ständer des Schaltmotors entstehende Feld ist also nicht, wie man erwarten könnte, ein Drehfeld, sondern ein einphasiges Wechselfeld. Ändert sich der Winkel φ, wie dies stets eintritt, wenn die beiden Drehstromsysteme nicht frequenzgleich sind, so ergeben sich für die verschiedenen ausgezeichneten Lagen die weiteren Diagrammbilder. Aus diesen folgt, daß die räumliche Lage des Wechselfeldes sich mit der Größe des Winkels φ ändert. Bei einer vollen Verdrehung der beiden Drehstromsysteme gegeneinander, also bei $\varphi = 360°$, dreht sich das Feld um 180°. Das Wechselfeld im Ständer dreht sich demgemäß mit der halben Geschwindigkeit der Phasen-

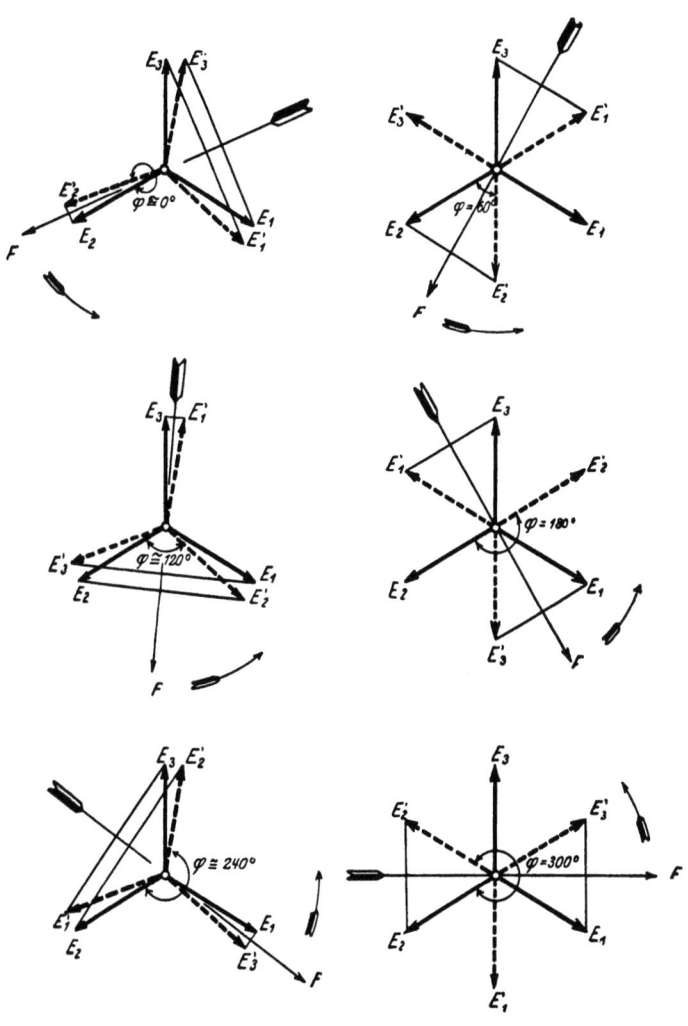

Bild 117 bis 122.

Tafel 25. Darstellung der elektrischen und magnetischen Verhältnisse im Schaltmotor.

änderungen zwischen Netz und zuzuschaltender Maschine. Die Stärke des Wechselfeldes ist hierbei während der ganzen Umdrehung praktisch konstant. Dies ist auch aus dem Diagramm ohne weiteres ersichtlich, da die Summe der drei resultierenden Spannungen für alle gezeichneten Lagen annähernd gleich groß ist.

Der Läufer des Motors, d. h. die kurzgeschlossene Einphasenwickelung, stellt sich stets so ein, daß der in ihr induzierte Strom ein Minimum wird. Er dreht sich daher im gleichen Sinne wie das induzierte Feld. Da das Feld sich bei einer Verdrehung der beiden Drehstromsysteme um 360° nur um 180° dreht, gibt es für die Phasengleichheit bei dem zweipoligen Motor zwei einander gegenüberliegende Läuferstellungen. Der Drehsinn des Läufers erfolgt rechts oder links herum, je nachdem die eine Maschine die andere in der Phase überholt oder von ihr überholt wird, d. h. je nachdem die Frequenz der zuzuschaltenden Maschine höher oder niedriger ist als die des Netzes. Die Drehgeschwindigkeit hängt von dem Unterschied der Frequenz ab. Je größer der Unterschied zwischen der laufenden und der zuzuschaltenden Maschine ist, um so schneller dreht sich der Läufer. Das Drehmoment des Läufers ist konstant, da das induzierende Feld konstant ist. Das volle Drehmoment ist demnach auch bei Phasengleichheit unvermindert vorhanden. Dies ist besonders wichtig, weil infolge dieses konstanten Drehmomentes die Einstellung des Motors auf Phasengleichheit sehr genau ist. Die Einstellung des Läufers hängt hierbei lediglich von dem Winkel φ ab und ist von etwaigen Verschiedenheiten der Spannungen unabhängig, sofern diese etwa 20% nicht übersteigen. In dieser Beziehung unterscheidet sich die Wirkungsweise des Schaltmotors wesentlich von anderen Vorrichtungen, die auf dem Prinzip der Spannungsvergleichung beruhen.

c. Einfachste Anordnung zum Parallelschalten.

Die Gesamtanordnung der Parallelschaltvorrichtung in einfachster Form ist in Bild 123 dargestellt. Die Achse des Schaltmotors M trägt eine Nockenscheibe S mit zwei um 180° gegen einander versetzten Einschnitten. Der gegen die Nockenscheibe mit Federkraft anliegende Kontakthebel F wird daher bei jeder Umdrehung des Schaltmotors zweimal den Kontakt K_1 schließen. Der Kontakt K_1 liegt im Stromkreis einer Hilfsstromquelle PN

119

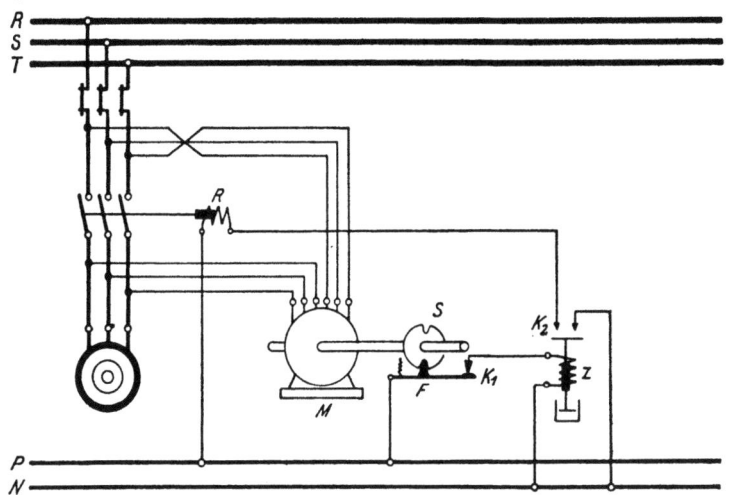

Bild 123. Schaltung mit einfachem Schaltmotor.

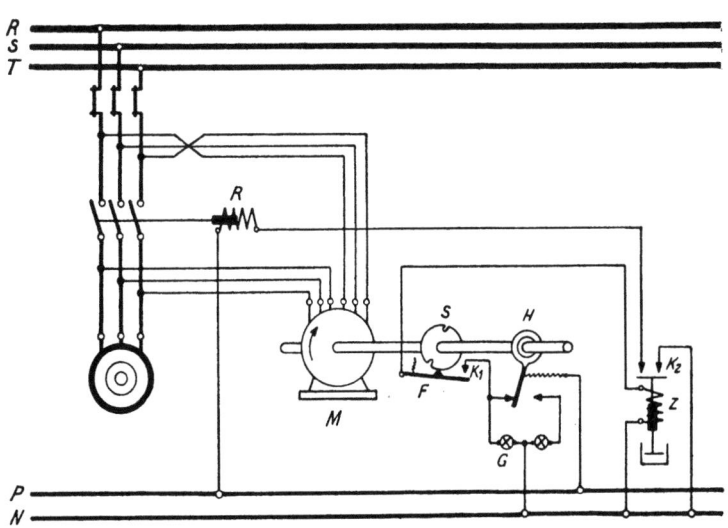

Bild 124. Schaltung mit Schaltmotor und Schleppkontakt zum Parallelschalten bei übersynchroner Drehzahl.

Tafel 26. Einrichtung zum selbsttätigen Parallelschalten nach Dr. Michalke.

und eines Zeitrelais Z mit Uhrwerksverzögerung. Sobald durch den Kontakt K_1 der Stromkreis geschlossen wird, tritt das auf eine bestimmte Ablaufszeit eingestellte Uhrwerk des Zeitrelais in Tätigkeit. Ist der Stromkreis genügend lange geschlossen, d. h.. erfolgt die Umdrehung der Nockenscheibe des Schaltmotors genügend langsam, so erreicht das Zeitrelais seine Endstellung und schließt den Kontakt K_2. Hierdurch wird das Schaltrelais R erregt, das den Hauptschalter zwischen Netz und zuzuschaltender Maschine einschaltet.

Diese einfache Anordnung wird vorzugsweise bei unruhig laufenden Maschinen benutzt. Sie kommt demnach in erster Linie bei Gasgeneratoren mit nicht zu großen Schwungmassen in Frage, die bei Leerlauf unruhig laufen und sich daher sehr schwer parallelschalten lassen. Man wird sich daher bei diesen Maschinen damit begnügen, lediglich bei Phasengleichheit parallel zu schalten, ganz gleichgültig, ob diese Phasengleichheit bei Über- oder Untersynchronismus erreicht worden ist.

d. Anordnung mit Schleppkontakt zum Parallelschalten bei übersynchroner Drehzahl.

Bei sehr gleichmäßig laufenden Generatoren mit großen Schwungmassen kann man an die Parallelschaltvorrichtung größere Ansprüche stellen und fordern, daß die Parallelschaltung nur bei Übersynchronismus, also bei etwas zu hoher Frequenz des zuzuschaltenden Generators, erfolgt. Hierdurch wird es erreicht, daß der zuzuschaltende Generator sofort nach dem Einschalten Energie ins Netz liefert. Diese Forderung ist insofern berechtigt, als das Netz gewöhnlich schon stark belastet ist, ehe man noch eine weitere Maschine in Betrieb nimmt. Es könnte daher eine erhebliche Störung des Betriebes eintreten, wenn etwa die zuzuschaltende Maschine aus dem stark belasteten Netz noch weitere Energie entnehmen und als Synchronmotor laufen würde.

Um zu erreichen, daß Parallelschaltungen nur bei übersynchronem Lauf der zuzuschaltenden Maschine erfolgen, ist, wie Bild 124 zeigt, auf der Motorachse noch ein durch Reibung mitgenommener Schlepphebel H angebracht, der zwischen zwei Kontakten spielt. Dieser Hebel legt sich je nach der Drehrichtung des Motors am rechten oder linken Kontakt an. Der Stromkreis des Zeitrelais Z wird nun außer über den Kontakt K_1 noch über den linken Schlepphebelkontakt geführt. Bei der dem Übersynchronismus entsprechenden Rechtsdrehung des Schaltmotors wird dann der linke Kontakt des Schlepphebels dauernd geschlossen, so daß die Einschaltung des Zeitrelais lediglich von dem Kontakt K_1 abhängt. Bei Linksdrehung des Motors wird dagegen der Stromkreis des Zeitrelais dauernd unterbrochen und kann daher durch den Kontakt K_1 überhaupt nicht eingeschaltet werden. Die beiden Kontakte am Schlepphebel werden gleichzeitig noch dazu benutzt, um zwei verschiedenfarbige Signallampen G einzuschalten. Läuft der zugeschaltete Generator zu schnell, also übersynchron, so leuchtet die linke Lampe auf. Läuft er dagegen zu langsam, so brennt die rechte Lampe. Diese Signallampen geben daher ohne weiteres dem Maschinenwärter ein Zeichen, in welchem Sinne die zuzuschaltende Maschine zu regeln ist.

Um die Verzögerung auszugleichen, die durch die Schaltvorrichtung und etwa noch zwischengeschaltete Schütze entsteht, muß das Kommando zum Parallelschalten stets etwas vor dem Eintritt der Phasengleichheit erfolgen. Dies ist dadurch erreicht, daß die Nockenscheibe auf der Achse des Schaltmotors etwas gegen die der Phasengleichheit entsprechende Normalstellung verdreht ist. Die Scheibe schließt dann den Kontakt K_1 schon bevor die Phasengleichheit erreicht ist und unterbricht ihn etwa in dem Augenblick, wo die Phasengleichheit eben überschritten wird. Für die Rückwärtsdrehung des Schaltmotors steht dann allerdings die Nockenscheibe in einer falschen Stellung, aber dies ist belanglos, da dann der Schlepphebel an dem rechten Kontakt anliegt, so daß der Stromkreis des Zeitrelais dauernd unterbrochen ist.

e. Selbsttätige Regelung der Antriebsmaschine.

Die im vorhergehenden Abschnitt beschriebene Einrichtung kann auch dazu benutzt werden, um die Antriebsmaschine der an das Netz anzuschließenden Maschine selbsttätig im richtigen Sinne zu regeln und auf die synchrone Drehzahl zu bringen. Hierbei ist es an sich gleichgültig, ob die Antriebsmaschine eine Kolbendampfmaschine, eine Dampfturbine, ein Gasmotor, ein Ölmotor oder endlich der Elektromotor eines Umformers ist. In Bild 125 auf S. 123 ist die Gesamtschaltung der Einfachheit halber für einen

Gleichstrom-Drehstromumformer angegeben. Parallel zu den beiden Signallampen G sind die beiden Steuerrelais R_1 und R_2 angeschlossen. Das Relais R_1 wird dann eingeschaltet, wenn Übersynchronismus vorhanden ist, während das Relais R_2 bei Untersynchronismus eingeschaltet wird. Durch diese Steuerrelais werden die Relaiskontakte U_1 und U_2 betätigt. Bei der eingezeichneten Drehrichtung des Schaltmotors M legt sich der Schlepphebel H links an. Beim Schließen des Kontaktes K_1 wird dann das Steuerrelais R_1 erregt und zieht seinen Anker an, so daß der obere Kontakt von U_1 geschlossen wird. Das Relais R_2 ist dagegen stromlos, so daß der untere Kontakt von U_2 geschlossen bleibt. Der Anker des als Hilfsmotor dienenden kleinen Hauptstrommotors wird daher von unten nach oben vom Strom durchflossen. Der Hilfsmotor dreht sich daher in dem entsprechenden Drehsinne und beeinflußt durch Regelung des Feldwiderstandes den Antriebsmotor der zuzuschaltenden Maschine etwa in verlangsamendem Sinne. Die zuzuschaltende Drehstrommaschine läuft infolgedessen jetzt etwas zu langsam. Der Schaltmotor kehrt seine Richtung um und der Schlepphebel H legt sich an den rechten Kontakt an, so daß das Relais R_2 nunmehr eingeschaltet ist, während R_1 stromlos wird. Infolgedessen wird der obere Kontakt von U_2 und der untere Kontakt von U_1 geschlossen. Hierdurch wird der Strom im Anker des Hilfsmotors umgekehrt; der Hilfsmotor ändert daher seine Drehrichtung und beeinflußt den Antriebsmotor der zuzuschaltenden Maschine in beschleunigendem Sinne. Wie aus dem nebenstehenden Schaltbild hervorgeht, ist in den Stromkreis des Hilfsmotors ein Widerstand W eingeschaltet, wenn die oberen Kontakte des Umschalters U_1 geschlossen sind. Der Hilfsmotor dreht sich daher in der einen Richtung langsamer als in der anderen Richtung. Würde der Motor nach beiden Richtungen gleich schnell laufen, so würde bei völligem Synchronismus ein dauerndes Pendeln des Schaltmotors M um eine Stellung eintreten können, bei der voraussichtlich keine Phasengleichheit stattfindet. Durch die absichtlich eingeführte Ungleichheit in der Reguliergeschwindigkeit tritt das Pendeln um eine stetig fortschreitende Phasenstellung ein, so daß nach kurzer Zeit eine Phasenstellung erreicht wird, bei der das Parallelschalten ausgeführt werden kann. Diese Einrichtung bewirkt also durch die Pendelerscheinungen das, was

123

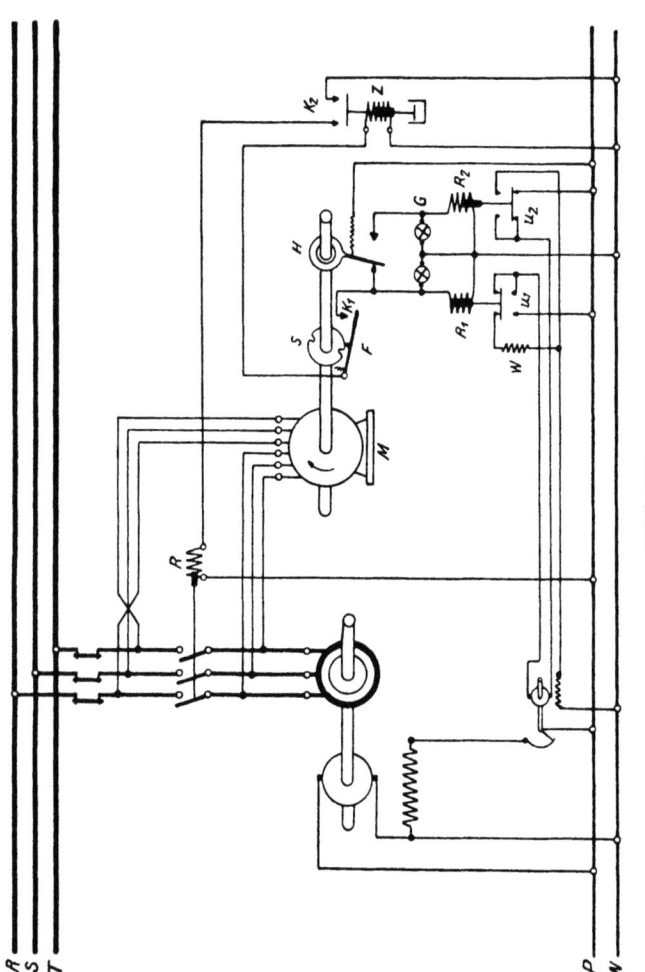

Bild 125.

Tafel 27. Einrichtung zum selbsttätigen Parallelschalten mit selbsttätiger Regelung der Antriebsmaschine.

sonst der Wärter von Hand machen würde. Sie gibt immer nur Regelungsstöße im richtigen Sinne und macht fortgesetzt den Versuch, den Generator auf Synchronismus zu bringen.

f. Verhütung von Fehlschaltungen.

Bei den vorher beschriebenen Schaltungen könnte eine Fehlschaltung dadurch eintreten, daß der Schaltmotor etwa durch Leitungsbruch so stehen bleibt, daß der Kontakt K_1 dauernd geschlossen ist. Dies kann dadurch vermieden werden, daß man in den Stromkreis des Schaltrelais noch eine besondere Drucktaste einschaltet, die vom Schalttafelwärter erst dann niedergedrückt wird, wenn der Motor sich wirklich dreht. Um auch hierin von der Achtsamkeit des Wärters unabhängig zu werden, verwendet man an Stelle eines einfachen Zeitrelais ein Spezial-Zeitrelais Z, dessen Einrichtung aus dem folgenden Bild ersichtlich ist.

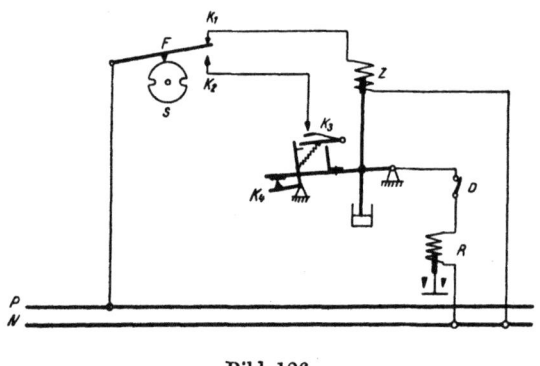

Bild 126.

Dieses Spezialrelais ist im Gegensatz zu dem bisher beschriebenen Relais dauernd unter Strom und wird durch den Kontakt K_1 im Augenblick der Phasengleichheit stromlos gemacht. Bei Stromschluß zieht die Spule des Spezialrelais ihren Anker sofort in die obere Lage. Hierdurch kommt der Kontakt K_3 zum Schluß, während die Verbindung in K_4 unterbrochen wird. Bei Phasengleichheit schnappt der Kontakthebel F des Schaltmotors in die Einschnitte der Scheibe, so daß der Kontakt K_1 unterbrochen und der Kontakt K_2 geschlossen wird. Durch das Unterbrechen des Kontaktes K_1 wird das Spezialzeitrelais stromlos, sein Eisenkern sinkt langsam entsprechend der Zeiteinstellung des Relais herab. Hierdurch wird, falls die Stromunterbrechung, also die Phasengleichheit lange genug dauert, der Kontakt K_4 geschlossen, während gleichzeitig der federnde Kontakt K_3 noch bestehen bleibt. Dann ist über die Kontakte K_2, K_3, K_4 und D der Stromkreis des Schaltrelais R eingeschaltet, so daß die Parallelschaltung vollzogen wird.

Hält die Phasengleichheit nur kurze Zeit an, so wird der Stromkreis des Schaltrelais schon wieder bei K_2 unterbrochen, ehe der Kontakt bei K_4 hergestellt ist. Das Schaltrelais kann daher in diesem Falle nicht in Tätigkeit treten. Unmittelbar nach der Unterbrechung von K_2 wird aber schon wieder der Kontakt K_1 geschlossen, das Zeitrelais zieht seinen Anker wieder an, und das Spiel beginnt von neuem. Solange keine Phasengleichheit besteht, ist der Kern des Spezialrelais Z stets angezogen. Tritt in dieser Lage ein Drahtbruch oder unsicherer Kontakt in der Zuleitung auf, so fällt der Kern des Relais herab und schließt den Kontakt K_4. Hierdurch kann aber in keinem Falle eine Fehlschaltung erfolgen, da dann der Kontakt K_2 noch geöffnet ist.

VI. Schaltungskontrolle.

a. Kontrolle auf richtiges Drehfeld.

Vor dem endgültigen Anschließen einer Drehstrom-Maschine ermittelt man zunächst den Richtungssinn des von ihr erzeugten Drehfeldes. Dieses muß den gleichen Richtungssinn wie das vom Netz bzw. von den anderen laufenden Maschinen erzeugte Drehfeld haben. Um dies festzustellen, öffnet man den Maschinenschalter und schließt zwischen die drei Klemmenpaare des Schalters eine Anzahl Glühlampen an, wie Bild 127 zeigt. Die Lampenzahl

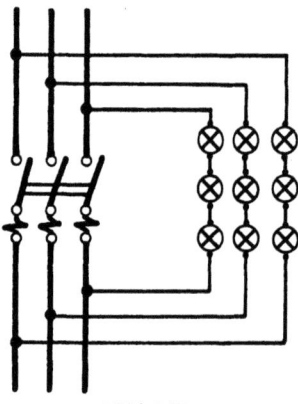

Bild 127.

muß so groß sein, daß jede in Reihe geschaltete Gruppe eine Spannung aushalten kann, die um 15% höher als die Netzspannung liegt. Dann schließt man die Maschine an die Maschinenkabel an und setzt sie in Betrieb. Bei richtigem Drehfeld und annähernd synchroner Drehzahl der Maschinen müssen die drei Lampengruppen gleichzeitig aufleuchten und verlöschen. Leuchten die Lampen nicht gleichzeitig, sondern der Reihe nach auf, wie es auf S. 16 beschrieben ist, so folgt daraus, daß das Drehfeld der zuzuschaltenden Maschine in anderem Richtungssinn umläuft wie das des Netzes. Um dies richtig zu stellen, müssen zwei Anschlußkabel an der Maschine vertauscht werden. Bei Hochspannung kann man die Anzahl der für diese Kontrollschaltung erforderlichen Lampen dadurch beschränken, daß man die Versuche bei unerregten Maschinen vornimmt. Man hat in diesem

Falle nur mit einer geringen Remanenzspannung von etwa 5 bis 10% der Betriebsspannung zu rechnen. Ist es nicht möglich, die Anlage mit unerregten Maschinen laufen zu lassen, so benutzt man drei für die Netzspannung bemessene Spannungswandler, die allerdings bei dieser Schaltung um 15% überlastet werden, und schaltet nach dem folgenden Schaltbild. Auch die Herstellung

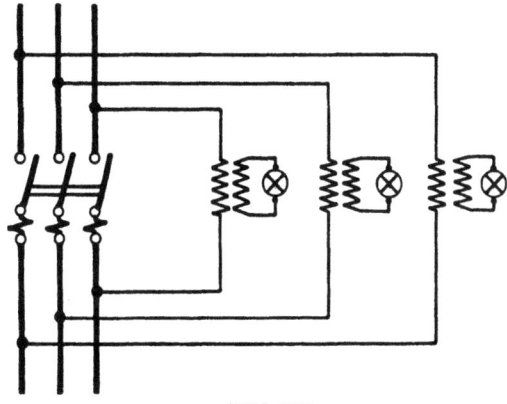

Bild 128.

dieser Schaltung wird kaum Schwierigkeiten machen, da Spannungswandler für die Netzspannung wohl stets in genügender Zahl vorhanden sein werden. An Stelle der Glühlampen kann man zur Kontrolle des Drehfeldes auch einen Drehfeldrichtungsanzeiger oder schließlich auch einen beliebigen Asynchronmotor benutzen. Der Drehfeldrichtungsanzeiger muß ebenso wie der Asynchronmotor im gleichen Drehsinn umlaufen, wenn er bei gleichsinnigem Anschluß vom Netz oder von der zuzuschaltenden Maschine gespeist wird.

b. Kontrolle auf richtige Schaltung.

Bei den direkten Schaltungen läßt sich eine für alle Fälle geltende elektrische Kontrolle nicht ohne weiteres anstellen. Bei Dunkelschaltung kann man zwar die im vorhergehenden Abschnitt angegebene Schaltung benutzen, jedoch treten hierbei an den drei Lampengruppen verschiedene Spannungen auf, so daß die eine Lampenreihe unter Umständen etwas überlastet wird. Aber immerhin müssen auch dann die drei Lampengruppen gleichzeitig und zugleich mit der Phasenlampe verlöschen, und das verwendete Anzeigeinstrument muß auf Synchronismus zeigen. Bei Hellschaltung kann jedoch diese einfache Schaltung nicht verwendet werden, da die eigentliche Parallelschalteinrichtung durch diese Kontrollschaltung gestört würde. Man könnte höchstens auch an den Schalterkontakten eine **einphasige Hellschaltung** nach dem Bild 6 auf S. 10 ausführen, jedoch müßte diese an den gleichen Phasen liegen wie die eigentliche Parallelschalteinrichtung. Jedenfalls wird sich hierbei ein genaues Verfolgen der einzelnen Leitungen nicht umgehen lassen, wenn man Trugschlüsse vermeiden will.

Bei den indirekten Schaltungen läßt sich für alle Schaltmöglichkeiten eine einfache elektrische Kontrolle in der Weise ausführen, daß man die drei Maschinen-Anschlußleitungen unmittelbar an der Maschine abtrennt und isoliert. Schließt man dann den Maschinenschalter, so treten vor und hinter dem Schalter genau die gleichen Spannungsverhältnisse auf. Die Sekundärspannungen der für die Meßeinrichtung dienenden Spannungswandler müssen sich daher in gleicher Weise addieren bzw. subtrahieren, wie es im normalen Betriebsfalle auftritt, d. h. die an die Sekundärseite der Meßwandler angeschlossenen Meßinstrumente müssen den Augenblick des Parallelschaltens anzeigen. Bei Dunkelschaltung müssen daher die Phasenlampen verlöschen und der Nullspannungsmesser auf Null zeigen, während bei Hellschaltung die Phasenlampen hell brennen müssen und der Summenspannungsmesser über der roten Kennmarke einspielen muß. Wird an Stelle eines Null- oder Summenspannungsmessers ein Synchronoskop benutzt, so muß dieses sich auf die dem Synchronismus entsprechende rote Marke fest einstellen. Etwaige Schaltfehler ergeben sich bei dieser Kontrolle ohne weiteres. Zeigt sich z. B., daß bei Dunkelschaltung die Phasenlampen mit geringer Lichtstärke leuchten und der Nullspannungsmesser etwa die halbe Spannung anzeigt, so läßt dies darauf schließen, daß der Maschinenspannungswandler primär an eine falsche Phase angeschlossen ist. Leuchten andererseits die Phasenlampen mit voller Spannung und zeigt der Nullspannungsmesser die volle Spannung an, so müssen die Anschlüsse auf der Sekundärseite des Maschinenspannungswandlers vertauscht werden.

VII. Elektrische Befehlsübertragung zwischen Schaltbühne und Maschinenraum.

a. Allgemeines.

Die für das Parallelschalten erforderliche genaue Einregelung der Maschinen setzt voraus, daß zwischen der Schaltbühne und den einzelnen Maschinen eine gute Verständigung möglich ist. Bei den früheren kleineren Kraftwerken war es vielleicht möglich, sich durch Zurufe oder Winke, vielleicht auch durch einfache Glockensignale zu verständigen. Bei den modernen großen Kraftwerken wird dies jedoch durch die Größe der Maschinenräume und durch das Geräusch der laufenden Maschinen praktisch unmöglich. Die Zeichen würden in vielen Fällen ganz überhört oder, was ebenso schlimm ist, falsch verstanden werden. Man kam daher schon bald dazu, besondere Signalanlagen zur Verständigung zwischen Maschinen und Schaltbühne zu benutzen, um so mehr, als bei den neueren Anlagen die Schalteinrichtungen zumeist nicht mehr im Maschinenraum, sondern in einem besonderen Schaltraum untergebracht sind.

Die Signaleinrichtungen werden entweder als Glühlampentafeln oder als Zeigerapparate ausgeführt. Die Zeigerapparate lehnen sich in ihrer Bauform eng an die Kommandoapparate an, die auf Schiffen in größtem Umfange benutzt werden und sich durch ihre große Betriebssicherheit auszeichnen. Da die Ausführungsformen dieser Signaleinrichtungen wenig bekannt sind, sollen sie im nachstehenden etwas eingehender besprochen werden.

b. Glühlampentafeln.

Die Glühlampentafeln bestehen aus einer Reihe von Transparentscheiben, die durch einzelne Glühlampen wahlweise beleuchtet werden können. Die Transparentscheiben tragen die Kommandoaufschriften „Anlassen", „Schneller", „Langsamer", „Gut", „Abstellen" und die Bestätigung des ausgeführten Befehls „Fertig". Bei Anlagen mit Wasserturbinen kommt noch ein Notsignal „Maschine in Gefahr" hinzu. Sämtliche

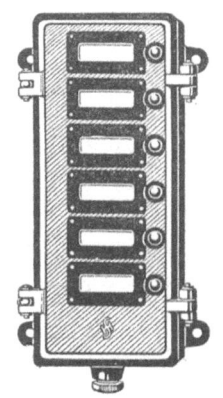

Bild 129.

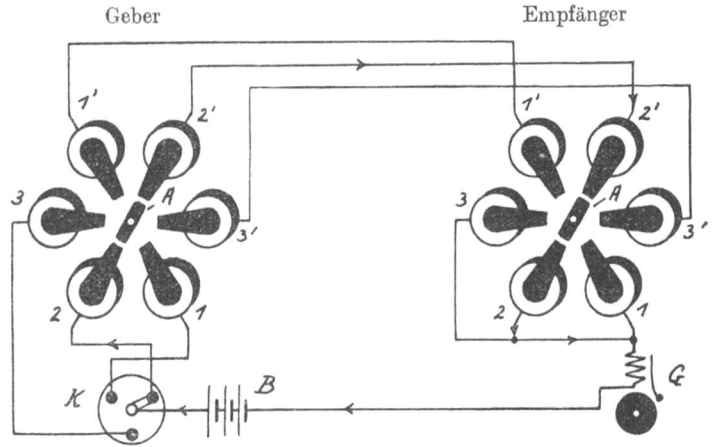

Bild 130. Innere Schaltung. Die gegenüberliegenden Spulen sind paarweise derart in Reihe geschaltet, daß sie einander ungleichnamige Pole zuwenden.

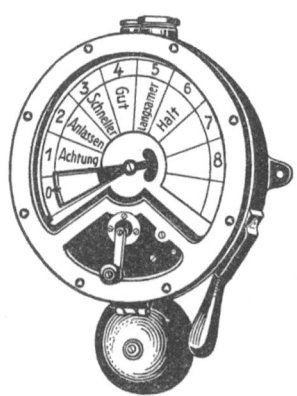

Bild 131. Gebeapparat mit Kurbelantrieb. Der Empfänger ist äußerlich genau wie der Geber aufgebaut, jedoch fällt bei diesem die Kurbel weg.

Tafel 28. Zeiger-Befehlsapparat mit Sechsspulen-Motor, für Gleichstrom.

Aufschriften sind nur sichtbar, wenn die dahinter befindlichen Glühlampen eingeschaltet sind.

Die Arbeitsweise einer derartigen Signaleinrichtung ist außerordentlich einfach. Soll ein Befehl gegeben werden, so gibt der Schalttafelwärter zunächst mit der Ruftaste ein Glockenzeichen als Achtungssignal. Darauf schaltet er das mit dem entsprechenden Befehl bezeichnete Signal ein. An der Glühlampentafel im Maschinenraum leuchtet dann das zugehörige Befehlsfeld gleichzeitig mit einem entsprechenden Kontrollfeld im Schaltraum auf. Die Lampen brennen an beiden Stellen so lange, bis der Maschinist mit der Quittungstaste den Befehl bestätigt. Hat der Maschinist den erhaltenen Befehl ausgeführt, so drückt er die Fertigtaste. Es leuchten dann die Lampen des Fertigsignals sowohl im Schaltraum als auch zur Kontrolle an der Lampentafel auf. Außerdem ertönt im Schaltraum eine Rasselglocke so lange, bis dort die Quittungstaste niedergedrückt wird. Besteht Gefahr für die Maschine, so gibt der Maschinist das Notsignal „Maschine in Gefahr". Auch hierbei leuchten die zugehörigen Lampen sowohl an der gebenden wie an der Empfangsstelle auf, bis das Signal mit der Quittungstaste abgestellt und dadurch bestätigt wird.

c. Zeiger-Befehlsapparat mit Sechsspulen-Motor, für Gleichstrom.

Das Triebwerk dieses von S. & H. gebauten Apparates besteht aus sechs im Kreise angeordneten Elektromagneten, deren Kerne radiale Polschuhe besitzen (vgl. Bild 130). Zwischen diesen Polschuhen ist ein kleiner Anker A aus weichem Eisen drehbar gelagert, der unter Zwischenschaltung einer Schnecke den Zeiger antreibt. Die gegenüberliegenden Spulen sind paarweise derart in Reihe geschaltet, daß sie einander ungleichnamige Pole zuwenden. Die drei Spulenpaare können durch einen kleinen Kurbelschalter K wahlweise in den Stromkreis der Batterie B eingeschaltet werden. Die Wirkungsweise der Einrichtung ist dann folgende: Steht die Kurbel in der eingezeichneten Stellung, so werden im Geber und im Empfänger die Spulenpaare 2 und 2' vom Strome durchflossen. Die Anker stellen sich dann in die Richtung der Polverbindungslinie ein. Dreht man die Schalterkurbel auf den nächsten Kontakt, so werden die Spulenpaare 3 und 3' eingeschaltet und der Anker stellt sich wieder in die entsprechende Pollinie ein. Bei einer vollen Kurbelumdrehung dreht sich der Anker ruckweise um 180°. Es sind also zwei Kurbelumdrehungen für eine volle Umdrehung der Anker erforderlich. Um eine möglichst große Anzahl von Befehlen auf einer Skala unterzubringen, ist die Übertragung zwischen Anker und Zeiger so gewählt, daß der Zeiger bei jeder vollen Kurbelumdrehung um ein Skalenfeld vorrückt. Hierbei kann man an der oberhalb der Kurbel des Geberapparates angeordneten Skala stets unmittelbar ablesen, welcher Befehl gegeben worden ist (vgl. Bild 131). Gleichzeitig mit dem optischen Signal kann auch ein akustisches Signal, z. B. durch einen Einschlagwecker, gegeben werden, so daß bei jedem Zeigersprung von einem Befehlsfeld zum anderen ein Glockenschlag ertönt. Um es zu erreichen, daß die Anzahl der Glockenschläge der Nummer des Befehlsfeldes entsprechen, muß der Zeiger des Geberapparates vor Beginn jeder Befehlsabgabe stets auf das Nullfeld zurückgekurbelt werden. Durch eine besondere Vorrichtung wird es hierbei erreicht, daß der Wecker beim Zurückkurbeln nicht ertönt. Die Speisung der Einrichtung erfolgt durch Gleichstrom bis 220 Volt.

Diese einfache und älteste Vorrichtung ist insofern noch nicht vollkommen, als die gegenseitige Lage der Zeiger des Geber- und Empfangsapparates nicht eindeutig ist. Wenn z. B. durch äußeren Eingriff der Zeiger des Empfangsapparates gegenüber dem des Geberapparates verstellt ist, wie es bei der Montage vorkommen kann, so wird er beim Einschalten des Stromes nicht ohne weiteres in die richtige vom Geberapparat vorgeschriebene Stellung gehen, da der unpolarisierte Anker des Sechsspulenmotors auch in die um 180° verdrehte Lage einspringen kann. Man muß daher vor der Inbetriebnahme die Geber- und Empfangsapparate erst in Übereinstimmung bringen. Dies geschieht in einfacher Weise dadurch, daß man den Geberapparat von der Nullage in die Endstellung und dann wieder zurück auf Null kurbelt. Diese Unbequemlichkeit wird bei den folgenden Einrichtungen vermieden.

d. Zeiger-Befehlsapparat mit Dreispulen-Anker, für Gleichstrom.

Der Empfänger dieser ebenfalls von S. & H. gebauten Einrichtung besteht aus einem Trommelanker mit drei in Dreieckschaltung verbundenen Spulen. Der Trommelanker ist in einem zweipoligen, durch eine Nebenschlußwickelung erzeugten Magnet-

133

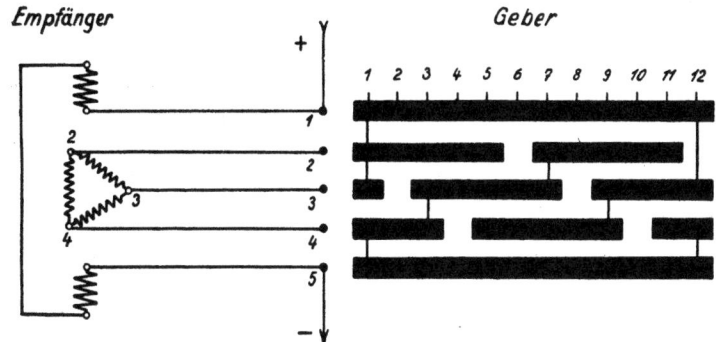

Bild 132. Innenschaltung mit abgewickelter Schaltwalze.

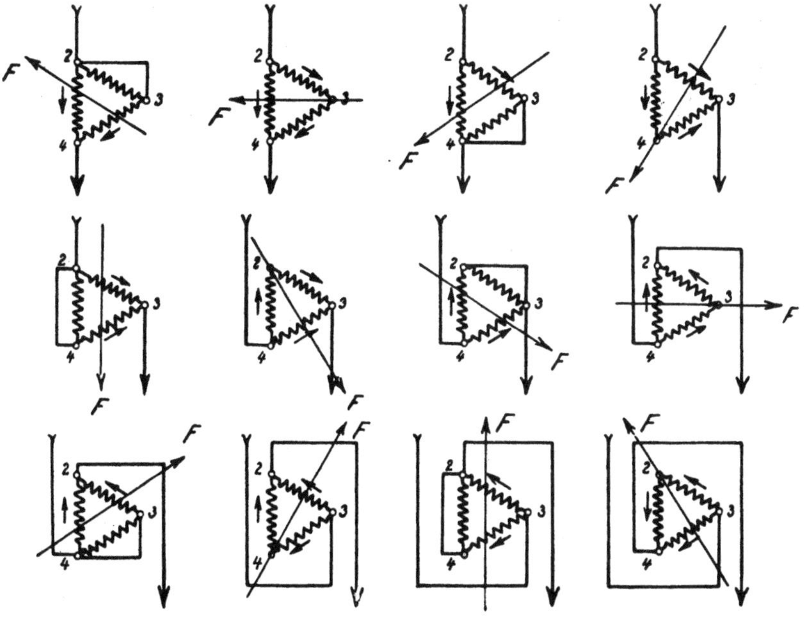

Bild 133. Schaltstufen für die verschiedenen Zeigerstellungen des Gebers.

Tafel 29. Zeiger-Befehlsapparat mit Dreispulen-Anker, für Gleichstrom.

felde drehbar gelagert. Auf der Achse des Trommelankers befindet sich der über der Befehlsskala spielende Zeiger.

Bild 134.

Die Gebervorrichtung besteht lediglich in einer Schaltwalze, die die Stromzuführung zu dem Trommelanker vermittelt. Die Schaltwalze hat 12 durch Rasten gesicherte Schaltstellungen. Sie wird durch einen Handgriff eingestellt, der einen ebenfalls über einer Befehlsskala spielenden Zeiger trägt. Die Abwickelung der Schaltwalze und die zugehörigen Leitungsverbindungen sind auf Tafel 29 dargestellt. Zum leichteren Verständnis sind darunter noch die einzelnen Schaltstufen in besonderen Stromlaufbildern herausgezeichnet. In diesen Stromlaufbildern ist der Anker zunächst als feststehend gedacht. Das vom Anker erzeugte Magnetfeld ist hierbei durch einen Pfeil F angedeutet. Wie die Bilder zeigen, dreht sich das vom Anker erzeugte Feld bei jeder Schaltstufe um 30° weiter, so daß es nach 12 Schaltstufen eine volle Umdrehung ausgeführt hat. Die einzelnen Stellungen des Feldes sind vollkommen eindeutig, da sie nur von der Richtung der jeweils im Anker fließenden Ströme abhängen. Es entspricht demnach jeder Stromverteilung im Anker eine ganz bestimmte Feldrichtung. Bei der tatsächlichen Ausführung des Apparates wird das Ankerfeld durch das feststehende Erregerfeld in einer bestimmten Lage festgehalten. Infolgedessen bleibt das Feld stehen und der Anker dreht sich relativ zum Feld um den gleichen Winkel. Mit dem Anker dreht sich aber der auf seiner Achse befindliche Zeiger. Es ergeben sich somit entsprechend den 12 Stellungen der Schaltwalze auch 12 verschiedene Ankerstellungen. Bei jeder Schaltstufe wird die Schaltwalze um 30° gedreht und der Anker dreht sich um den gleichen Winkel. Er bewegt sich also in genauer Übereinstimmung mit der Schaltwalze, so daß der Zeiger des Empfangsapparates stets auf das gleiche Befehlsfeld zeigt wie der Zeiger des Geberapparates. Zum Betriebe der Einrichtung dient Gleichstrom von 30 Volt Spannung. Bei Verwendung eines entsprechenden Vorwiderstandes kann die Einrichtung jedoch auch an ein Gleichstrom-Lichtnetz angeschlossen werden.

Dreispulenanker für Gleichstrom. 135

Da bei diesem System die Lage des Ankers des Empfangsapparates eindeutig durch die Richtung der in ihm fließenden Ströme bestimmt wird, ist bei diesem Apparat auch durch äußeren Eingriff eine Störung der Übereinstimmung der beiden Zeiger nicht möglich. Die Zeiger werden sich vielmehr sofort nach Einschalten des Stromes selbsttätig auf das gleiche Befehlsfeld einstellen. Da jeder Schaltstufe ein Drehwinkel der Schaltwalze um 30° entspricht, sind bei diesem Apparat nur 12 verschiedene Befehlsübertragungen möglich.

e. Zeiger-Befehlsapparat nach dem Wechselstromsystem.

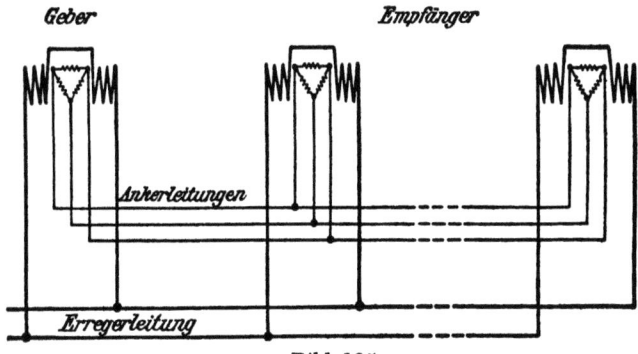

Bild 135.

Bei dem Wechselstromsystem von S. & H. sind Geber und Empfänger vollkommen gleich aufgebaut. Die grundsätzliche Anordnung geht aus der nachstehenden Tafel 30 hervor. Jeder Apparat besteht aus einem zweipoligen, aus geblättertem Eisen aufgebauten Polgestell P und einem dreiphasig gewickelten Anker A. Die Erregerwickelungen F der beiden Polgestelle werden in Nebeneinanderschaltung mit 50 Volt Einphasenstrom gespeist. Die in diesen Polgestellen erzeugten Wechselfelder sind demnach in Phase. Die beiden dreiphasigen Anker sind über je drei Schleifringe miteinander gleichpolig verbunden. Sind die beiden Anker in genau gleicher Lage, so werden in ihren Wickelungen genau die gleichen Elektromotorischen Kräfte induziert. Sie heben einander auf, da die Anker gegeneinander geschaltet sind. Wird der eine der beiden Anker, z. B. der Anker des Gebers, gedreht, so ändern sich die in seinen Spulen induzierten Elektro-

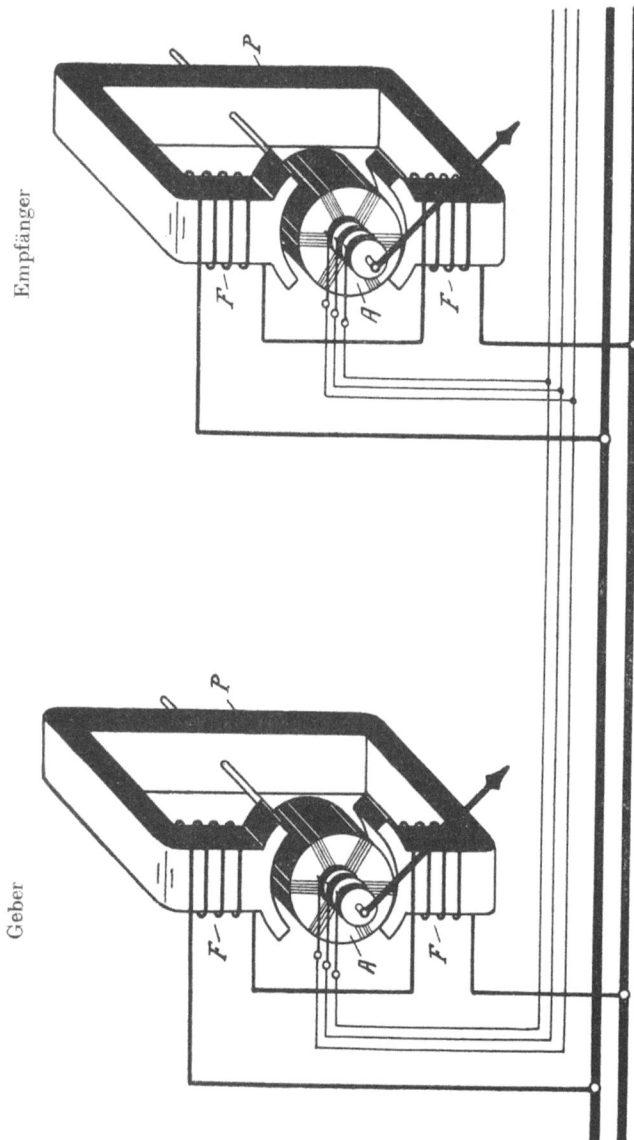

Tafel 30. Zeiger-Befehlsapparat nach dem Wechselstromsystem. (Bild 136.)

motorischen Kräfte. In den Verbindungsleitungen der beiden Anker entstehen daher Ausgleichströme, die den Anker des Empfängers so lange drehen, bis die dort induzierte Elektromotorische Kraft gleich der des Gebers geworden ist, also bis kein Ausgleichstrom mehr fließt. Dies wird aber erst dann erreicht, wenn der Anker des Empfängers genau die gleiche Stellung gegenüber den Polen einnimmt. Die beiden Anker werden demgemäß unter dieser Wechselwirkung stets die gleiche relative Lage gegenüber den Magnetpolen einnehmen, d. h. die Zeiger werden stets auf das gleiche Befehlsfeld zeigen.

In der Ausführung unterscheiden sich Geber und Empfänger zunächst darin, daß die Ankerachse des Gebersystems von außen verstellt werden kann, während die Ankerachse des Empfängersystems frei beweglich ist. Um ein schwankungsfreies Einstellen des Zeigers zu erzielen, ist das Empfängersystem mit einer elektromagnetischen Dämpfung versehen.

Mit einem Geber können, wie das Bild auf S. 135 zeigt, beliebig viele Empfänger verbunden werden, ohne daß dadurch die Zahl der Leitungen vermehrt würde. In jedem Falle sind fünf Leitungen, und zwar zwei für die Felderregung und drei für die Anker erforderlich. Die Empfängersysteme haben hierbei stets die gleiche Größe, während das Gebersystem je nach der Anzahl der zu betreibenden Empfänger verschieden bemessen sein muß.

Der Zeigerbefehlsapparat nach dem Wechselstromsystem ist die vollkommenste Art der elektrischen Befehlsübertragungen. Die Zeiger stellen sich sofort beim Einschalten des Stromes richtig ein, da jeder Lage des Geberankers nur eine Stellung des Empfängerankers entspricht. Die Einstellung der Zeiger erfolgt energisch und daher sicher. Die Anzahl der zu übertragenden Befehle kann beliebig groß sein, dabei ist die Schaltung äußerst einfach und übersichtlich und durch Fortfall jeder Stromunterbrechungsvorrichtung sehr betriebssicher. Mit dem Geberapparat kann auch eine Kontaktvorrichtung verbunden werden, die bei jeder Bewegung des Geberankers ein Weckersignal einschaltet. Es ertönt dann bei jeder Befehlsabgabe ein Achtungssignal. Die Übereinstimmung der Anzahl der Glockenschläge mit der Nummer des Befehlsfeldes, wie dies beim Sechsspulenmotor möglich ist, kann allerdings hierbei nicht erreicht werden.

Verzeichnis der Tafeln.

		Seite
Tafel 1.	Graphische Darstellung der Vorgänge beim Parallelschalten	6
Tafel 2.	Ausführungsmöglichkeiten der Dunkelschaltung	8
Tafel 3.	Ausführungsmöglichkeiten der Hellschaltung	10
Tafel 4.	Schaltungen mit Umkehrtransformator	13
Tafel 5.	Besondere Drehstrom-Schaltungen	15
Tafel 6.	Elektrische Einstellvorrichtung für den Regulator der Antriebs-Maschine	20
Tafel 7.	Meßwerke der Zungenfrequenzmesser	22
Tafel 8.	Meßwerke der Spannungsmesser	24
Tafel 9.	Darstellung der Spannungs- und Lichtverhältnisse im Dreilampen-Apparat	28
Tafel 10.	Bauart und Wirkungsweise des Sechslampen-Apparates	31
Tafel 11.	Nullspannungsmesser mit Vorschaltlampe	34
Tafel 12.	Meßwerk und Schaltung des Summenspannungsmessers	36
Tafel 13.	Weston-Synchronoskop mit schwingendem Zeiger	39
Tafel 14.	Graphische Darstellung der Arbeitsweise des Weston-Synchronoskops	41
Tafel 15.	Siemens-Synchronoskop mit umlaufendem Zeiger	44
Tafel 16.	Synchronoskop von Hartmann und Braun	46
Tafel 17.	Instrumentsätze für Hellschaltung	48
Tafel 18.	Instrumentsätze für gemischte Schaltung	50
Tafel 19.	Steckvorrichtungen und Stecker	54
Tafel 20.	Hochspannungsschaltungen mit Meßkondensatoren	104
Tafel 21.	Schaltung der Haupttransformatoren nach Schaltart A	108
Tafel 22.	Schaltung der Haupttransformatoren nach Schaltart B	109
Tafel 23.	Schaltung der Haupttransformatoren nach Schaltart C	110
Tafel 24.	Schaltung der Haupttransformatoren nach Schaltart D	111
Tafel 25.	Darstellung der elektrischen und magnetischen Verhältnisse im Schaltmotor	117
Tafel 26.	Einrichtung zum selbsttätigen Parallelschalten nach Dr. Michalke	119
Tafel 27.	Einrichtung zum selbsttätigen Parallelschalten mit selbsttätiger Regelung der Antriebsmaschine	123
Tafel 28.	Zeigerbefehlsapparat mit Sechsspulenmotor für Gleichstrom	130
Tafel 29.	Zeigerbefehlsapparat mit Dreispulenanker für Gleichstrom	133
Tafel 30.	Zeigerbefehlsapparat nach dem Wechselstromsystem	136

Verzeichnis der Schaltbilder vollständiger Parallelschalteinrichtungen.

Seite

Phasenvergleichung zwischen Generator und Sammelschienen.

Schaltungen mit Nullspannungsmesser.

Schaltbild 1. Direkte Schaltung 64
Schaltbild 2. Halbindirekte Schaltung 65
Schaltbild 3. Indirekte Schaltung für Spannungen bis 250 Volt . . 66
Schaltbild 4. Indirekte Schaltung für höhere Spannungen 67
Schaltbild 5. Indirekte Schaltung für Doppelsammelschienen . . . 68

Schaltungen mit Summenspannungsmesser.

Schaltbild 6. Direkte Schaltung 69
Schaltbild 7. Halbindirekte Schaltung 70
Schaltbild 8. Halbindirekte Schaltung mit Instrumentumschalter . 71
Schaltbild 9. Indirekte Schaltung für Spannungen bis 250 Volt . . 72
Schaltbild 10. Indirekte Schaltung für höhere Spannungen 73
Schaltbild 11. Indirekte Schaltung für Doppelsammelschienen . . . 74

Schaltungen mit Lampenapparat.

Schaltbild 12. Direkte Schaltung mit Lampenapparat in Dunkelschaltung 78
Schaltbild 13. Indirekte Schaltung mit Lampenapparat in Dunkelschaltung 79
Schaltbild 14. Indirekte Schaltung mit Lampenapparat in Hellschaltung 80

Schaltungen mit Synchronoskop.

Schaltbild 15. Direkte Schaltung 81
Schaltbild 16. Indirekte Schaltung 82
Schaltbild 17. Indirekte Schaltung für Doppelsammelschienen . . . 83

Phasenvergleichung zwischen Generator und Generator.

Schaltungen mit Nullspannungsmesser.

Schaltbild 18. Dunkelschaltung für Einfachsammelschienen 88
Schaltbild 19. Dunkelschaltung für Doppelsammelschienen 89
Schaltbild 20. Gemischte Schaltung 90

Verzeichnis der Schaltbilder.

Seite

Schaltungen mit Summenspannungsmesser.

Schaltbild 21. Umkehrschaltung 91
Schaltbild 22. Umkehrschaltung mit Instrumentumschalter 92

Schaltungen mit Synchronoskop.

Schaltbild 23. Schaltung für Einfachsammelschienen 93
Schaltbild 24. Schaltung für Doppelsammelschienen 94
Schaltbild 25. Gemischte Schaltung 95

Phasenvergleichung an den Schalterkontakten.

Schaltungen mit Nullspannungsmesser.

Schaltbild 26. Dunkelschaltung für Doppelsammelschienen 98
Schaltbild 27. Gemischte Schaltung 99

Schaltung mit Summenspannungsmesser.

Schaltbild 28. Umkehrschaltung 100

Schaltungen mit Synchronoskop.

Schaltbild 29. Dunkelschaltung 101
Schaltbild 30. Gemischte Schaltung 102

Verlag von Julius Springer in Berlin W 9

Meßgeräte und Schaltungen für
Wechselstrom-Leistungsmessungen

Von

Werner Skirl

Oberingenieur

Zweite, umgearbeitete und erweiterte Auflage
Mit 41 Tafeln, 31 ganzseitigen Schaltbildern und zahlreichen Textbildern
1923. Gebunden GZ. 6

Elektrotechnische Meßkunde. Von Dr.-Ing. **P. B. Arthur Linker.** Dritte, völlig umgearbeitete und erweiterte Auflage. Mit 408 Textfiguren. Unveränderter Neudruck. 1923. Gebunden GZ. etwa 11

Elektrotechnische Meßinstrumente. Ein Leitfaden. Von **Konrad Gruhn**, Oberingenieur und Gewerbestudienrat. Zweite, vermehrte und verbesserte Auflage. Mit 321 Textabbildungen. 1923.
Gebunden GZ. 5.8

Messungen an elektrischen Maschinen. Apparate, Instrumente, Methoden, Schaltungen. Von **Rud. Krause †**. Fünfte, vermehrte und verbesserte Auflage von **Georg Jahn**, Diplomingenieur. Mit etwa 250 Textabbildungen. In Vorbereitung

---

Der Wechselstromkompensator. Von Dr.-Ing. **W. v. Krukowski.** Mit 20 Abbildungen im Text und auf einem Textblatt. (Sonderabdruck aus der Abhandlung „Vorgänge in der Scheibe eines Induktionszählers und der Wechselstromkompensator als Hilfsmittel zu deren Erforschung".) 1920. GZ. 3.8

Comparison of Principal Points of Standards for Electrical Machinery. (Rotating Machines and Transformers). By Dipl.-Ing. **Friedrich Nettel**, Charlottenburg. 1923. GZ. 2.25; gebunden GZ. 3

Die Grundzahlen (GZ.) entsprechen den ungefähren Vorkriegspreisen und ergeben mit dem jeweiligen Entwertungsfaktor (Umrechnungsschlüssel) vervielfacht den Verkaufspreis. Über den zur Zeit geltenden Umrechnungsschlüssel geben alle Buchhandlungen sowie der Verlag bereitwilligst Auskunft.

Verlag von Julius Springer in Berlin W 9

Hilfsbuch für die Elektrotechnik. Unter Mitwirkung zahlreicher Fachgenossen bearbeitet und herausgegeben von Professor Dr. **Karl Strecker,** Geh. Oberpostrat, Berlin. Z e h n t e, umgearbeitete Auflage. In drei Teilen. In Vorbereitung

Kurzes Lehrbuch der Elektrotechnik. Von Dr. **Adolf Thomälen,** a. o. Professor an der Technischen Hochschule Karlsruhe. N e u n t e, verbesserte Auflage. Mit 555 Textbildern. 1922. Gebunden GZ. 9

Die wissenschaftlichen Grundlagen der Elektrotechnik. Von Professor Dr. **Gustav Benischke.** S e c h s t e, vermehrte Auflage. Mit 633 Abbildungen im Text. 1922. Gebunden GZ. 15

Kurzer Leitfaden der Elektrotechnik für Unterricht und Praxis in allgemeinverständlicher Darstellung. Von Ingenieur **Rud. Krause.** V i e r t e, verbesserte Auflage, herausgegeben von Prof. **H. Vieweger.** Mit 375 Textfiguren. 1920. Gebunden GZ. 6

Die Elektrotechnik und die elektromotorischen Antriebe. Ein elementares Lehrbuch für technische Lehranstalten und zum Selbstunterricht. Von Dipl.-Ing. **Wilhelm Lehmann.** Mit 520 Textabbildungen und 116 Beispielen. 1922. Gebunden GZ. 9

Elektrische Starkstromanlagen. Maschinen, Apparate, Schaltungen, Betrieb. Kurzgefaßtes Hilfsbuch für Ingenieure und Techniker sowie zum Gebrauch an technischen Lehranstalten. Von Studienrat Dipl.-Ing. **Emil Kosack,** Magdeburg. S e c h s t e, durchgesehene und ergänzte Auflage. Mit 296 Textfiguren. 1923. GZ. 5; gebunden GZ. 5.8

Schaltungen von Gleich- und Wechselstromanlagen. Dynamomaschinen, Motoren und Transformatoren, Lichtanlagen, Kraftwerke und Umformerstationen. Ein Lehr- und Hilfsbuch. Von Studienrat Dipl.-Ing. **Emil Kosack,** Magdeburg. Mit 226 Textabbildungen. 1922. GZ. 4; gebunden GZ. 6

Elektrische Schaltvorgänge und verwandte Störungserscheinungen in Starkstromanlagen. Von Professor Dr.-Ing. und Dr.-Ing. e. h. **Reinhold Rüdenberg,** Privatdozent, Berlin. Mit 477 Abbildungen im Text und 1 Tafel. 1923. Gebunden GZ. 16

Grundzüge der Starkstromtechnik. Für Unterricht und Praxis. Von Dr.-Ing. **K. Hoerner.** Mit 319 Textabbildungen und zahlreichen Beispielen. 1923. GZ. 4; gebunden GZ. 5

Die Grundzahlen (GZ.) entsprechen den ungefähren Vorkriegspreisen und ergeben mit dem jeweiligen Entwertungsfaktor (Umrechnungsschlüssel) vervielfacht den Verkaufspreis. Über den zur Zeit geltenden Umrechnungsschlüssel geben alle Buchhandlungen sowie der Verlag bereitwilligst Auskunft.

Verlag von Julius Springer in Berlin W 9

Arnold-la Cour, Die Wechselstromtechnik. Herausgegeben von Professor Dr.-Ing. **E. Arnold,** Karlsruhe. In 5 Bänden. Unveränderter Neudruck. Erscheint Anfang Sommer 1923

Theorie der Wechselströme. Von Dr.-Ing. **Alfred Fraenckel.** Zweite, erweiterte und verbesserte Auflage. Mit 237 Textfiguren. 1921. Gebunden GZ. 11

Aufgaben und Lösungen aus der Gleich- und Wechselstromtechnik. Ein Übungsbuch für den Unterricht an technischen Hoch- und Fachschulen sowie zum Selbststudium. Von Professor **H. Vieweger.** Achte Auflage. Mit 210 Textfiguren und 2 Tafeln. 1923.
GZ. 4; gebunden GZ. 5

Ankerwicklungen für Gleich- und Wechselstrommaschinen. Ein Lehrbuch. Von Professor **Rudolf Richter,** Karlsruhe. Mit 377 Textabbildungen. Berichtigter Neudruck. 1922. Gebunden GZ. 11

Die symbolische Methode zur Lösung von Wechselstromaufgaben. Einführung in den praktischen Gebrauch. Von **Hugo Ring,** Ingenieur, Hamburg. Mit 33 Textfiguren. 1921. GZ. 2.3

Die Berechnung von Gleich- und Wechselstromsystemen. Neue Gesetze über ihre Leistungsaufnahme. Von Dr.-Ing. **Fr. Natalis.** Mit 19 Textfiguren. 1920. GZ. 1

Die Hochspannungs-Gleichstrommaschine. Eine grundlegende Theorie. Von Dr. **A. Bolliger,** Elektro-Ingenieur in Zürich. Mit 53 Textfiguren. 1921. GZ. 2

Arnold-la Cour, Die Gleichstrommaschine. Ihre Theorie, Untersuchung, Konstruktion, Berechnung und Arbeitsweise.
Erster Band: **Theorie und Untersuchung.** Von **J. L. la Cour.** Dritte, vollständig umgearbeitete Auflage. Mit 570 Textfiguren. Unveränderter Neudruck. 1923. Gebunden GZ. 18
Zweiter Band: **Konstruktion, Berechnung und Arbeitsweise.** In Vorbereitung

Der Drehstrommotor. Ein Handbuch für Studium und Praxis. Von Professor **Julius Heubach,** Direktor der Elektromotorenwerke Heidenau, G. m. b. H. Zweite, verbesserte Auflage. Mit 222 Abbildungen. 1923. Gebunden GZ. 14.5

Elektromotoren. Ein Leitfaden zum Gebrauch für Studierende, Betriebsleiter und Elektromonteure. Von Dr.-Ing. **Johann Grabscheid.** Mit 72 Textabbildungen. 1921. GZ. 2.8

Die Grundzahlen (GZ.) entsprechen den ungefähren Vorkriegspreisen und ergeben mit dem jeweiligen Entwertungsfaktor (Umrechnungsschlüssel) vervielfacht den Verkaufspreis. Über den zur Zeit geltenden Umrechnungsschlüssel geben alle Buchhandlungen sowie der Verlag bereitwilligst Auskunft.

Verlag von Julius Springer in Berlin W 9

Die Elektromotoren in ihrer Wirkungsweise und Anwendung. Ein Hilfsbuch für die Auswahl und Durchbildung elektromotorischer Antriebe. Von **Karl Meller,** Oberingenieur. Zweite, vermehrte und verbesserte Auflage. Mit 297 Textabbildungen. Erscheint im Juli 1923

Die Transformatoren. Von Professor Dr. techn. **Milan Vidmar.** Zweite Auflage. Mit etwa 297 Textabbildungen. In Vorbereitung

Die asynchronen Wechselfeldmotoren. Kommutator- und Induktionsmotoren. Von Professor Dr. **Gustav Benischke.** Mit 89 Abbildungen im Text. 1920. GZ. 3.5

Elektrische Durchbruchfeldstärke von Gasen. Theoretische Grundlagen und Anwendung. Von **W. O. Schumann,** a. o. Professor der technischen Physik an der Universität Jena. Mit 80 Textabbildungen. 1923. GZ. 6; gebunden GZ. 7.25

Hochfrequenzmeßtechnik. Ihre wissenschaftlichen und praktischen Grundlagen. Von Dr.-Ing. **August Hund,** beratender Ingenieur. Mit 150 Textabbildungen. 1922. Gebunden GZ. 8.4

Die Nebenstellentechnik. Von **Hans B. Willers,** Oberingenieur und Prokurist der Aktiengesellschaft Mix & Genest, Berlin-Schöneberg. Mit 137 Textabbildungen. 1920. Gebunden GZ. 6

Anleitungen zum Arbeiten im Elektrotechnischen Laboratorium. Von **E. Orlich.** Erster Teil. Mit 74 Textbildern. 1923. GZ. 2

Handbuch der drahtlosen Telegraphie und Telephonie. Ein Lehr- und Nachschlagebuch der drahtlosen Nachrichtenübermittlung. Von Dr. **Eugen Nesper.** Zwei Bände. Zweite, neubearbeitete und ergänzte Auflage. In Vorbereitung

Radiotelegraphisches Praktikum. Von Dr.-Ing. **H. Rein.** Dritte, umgearbeitete und vermehrte Auflage von Professor Dr. **K. Wirtz,** Darmstadt. Mit 432 Textabbildungen und 7 Tafeln. Berichtigter Neudruck. 1922. Gebunden GZ. 16

Die Grundzahlen (GZ.) entsprechen den ungefähren Vorkriegspreisen und ergeben mit dem jeweiligen Entwertungsfaktor (Umrechnungsschlüssel) vervielfacht den Verkaufspreis. Über den zur Zeit geltenden Umrechnungsschlüssel geben alle Buchhandlungen sowie der Verlag bereitwilligst Auskunft.

MIX
Papier aus verantwortungsvollen Quellen
Paper from responsible sources
FSC® C105338

If you have any concerns about our products,
you can contact us on
ProductSafety@springernature.com

In case Publisher is established outside the EU,
the EU authorized representative is:
Springer Nature Customer Service Center GmbH
Europaplatz 3, 69115 Heidelberg, Germany

Printed by Libri Plureos GmbH
in Hamburg, Germany